国家级实验教学示范中心

“机械基础实验教学中心”系列实验教材

西南交通大学“323实验室工程”系列教材

机械原理实验教程

主编　卢存光　谢 进　罗亚林

主审　西南交通大学实验室及设备管理处

西南交通大学出版社

·成 都·

内 容 简 介

本书是西南交通大学全面实施“323 实验室工程”中，机械基础实验教学示范中心的系列实验教材之一。本实验教材为配合四川省省级精品课程“机械原理”的教学而编写，其中大部分内容为新开设的实验项目或新的实验设备而设置，它很好地补充完善了“机械原理”课程教学的实践与创新环节。本书适用于大学本科。

图书在版编目（CIP）数据

机械原理实验教程 / 卢存光，谢进，罗亚林主编. —成都：西南交通大学出版社，2007.3（2024.1 重印）
“机械基础实验教学中心”系列实验教材
（西南交通大学“323 实验室工程”系列教材）
ISBN 978-7-81104-430-0

Ⅰ. 机… Ⅱ. ①卢…②谢…③罗… Ⅲ. 机构学－实验－高等学校－教材 Ⅳ. TH111-33

中国版本图书馆 CIP 数据核字（2007）第 024535 号

“机械基础实验教学中心”系列实验教材
西南交通大学“323 实验室工程”系列教材

机械原理实验教程

主编 卢存光 谢 进 罗亚林

*

责任编辑 李晓辉
封面设计 何东琳设计工作室
西南交通大学出版社出版发行
四川省成都市金牛区二环路北一段 111 号西南交通大学创新大厦 21 楼
邮政编码：610031 发行部电话：028-87600564
http: //www.xnjdcbs.com
四川森林印务有限责任公司印刷

*

成品尺寸：185 mm × 260 mm 印张：9.125
字数：222 千字
2007 年 3 月第 1 版 2024 年 1 月第 7 次印刷
ISBN 978-7-81104-430-0
定价：18.00 元

前　言

通常，受众能掌握阅读内容的10%，耳闻内容的15%，亲身经历内容的80%。实验就是实现亲身经历的学习过程。

实验室在育人方面具有独特的作用。它不仅可以传授知识和技术，可以培养学生的动手能力和分析问题、解决问题的能力，而且可以影响人的世界观、思维方法和作风。许多经典教学实验，实际是科技发展史上一些伟大发现的简化模拟。这些发现客观上体现着辩证唯物主义的思维方法、实事求是的作风和严谨的科学习惯。如果实验教学的指导思想明确，可以在大学生长达4年之久的一系列教学实验活动中，培养青年一代许多好的品质。

实验在培养学生的智能结构中有着不可替代的作用。高等工程教育培养学生的智能，一般可概括为下列内容：培养注意力、观察力、想象力、创造力以及自学能力、思维能力、实验能力、表达能力、组织能力、研究能力等。在高等学校学习，如果没有在一系列教学实验活动中的学习，要具备上述多方面的能力是很难想象的。

实验能力（包括与实验有关的能力）可综合为以下5方面：

（1）实验器材的正确选用和操作能力。

（2）仪器设备装置的安装调试能力。

（3）获取工程实验数据及分析处理的能力。

（4）综合运用实验知识和技能解决生产实际问题，开展科学研究的能力。

（5）无形能力（如应变能力、捕捉机遇能力、协同配合能力以及信念、作风等）。

为了提高学生的以上能力，西南交通大学启动了323实验室工程，投入了大量的物力、人力，建设了国家级的机械基础实验教学示范中心。本实验教材配合省级精品课程“机械原理”的教学，其中大部分是为新开的实验项目或新购的实验设备编写的。这些实验项目完善补充了“机械原理”课程的教学、实验体系。

机械原理课程的教学实验项目从教学过程和教学方法来看，可以分为3个层次：“带着走”的实验——以传授知识为主；“指着走”的实验——既传授知识又培养学生的智能；“自己走”的实验——以培养和发展学生的创新动手能力为主。3个层次的实验组成有序的联系，使机械原理课程的一系列实验成为严密的教学过程整体。

机械原理课程的教学实验项目从培养学生的能力的作用来看，可以分为另外3个层次：认知性实验、机构性能研究性实验、综合创新性实验。

认知性实验主要是指按课程大纲要求开出的单项、验证性或基本性的实验。对于基础性实验，本书在原理上给予了必要的阐述，在实验方法和仪器使用上进行了详细讲解，在实验的数据处理、误差分析方面也做了必要的论述。学生学习了相应的理论后，只要仔细阅读实验教程，就可以了解实验的目的、内容、原理、实验方法以及实验仪器的原理和使用方法。

机构性能研究性实验主要是指需要运用某一门或多门课程的综合知识、实验原理和技术，进行的一种复杂程度较高的教学实验。这类实验使学生能够综合所学知识，观察、分析一些简化了的工程技术问题，能够积极思考，同时使学生在实验过程中受到科学实验方法的初步训练。进行这类实验，对学生的要求是：① 在教师的指导下拟定实验方案；② 了解、掌握主要测试仪器的工作原理与操作；③ 正确观察、分析、判断实验结果，并写出符合要求的实验报告；④ 培养严肃认真的工作作风。

对于机构性能研究性实验，本实验教程给出实验目的、内容、原理，给出主要仪器设备的使用说明，要求学生从中学习有关知识，拟定实验方案，自己动手做实验，处理数据、分析问题，最后写出实验报告。

综合创新性实验是机构性能研究性实验的拓展，是更高层次的实验。它要求学生综合运用包括机械、电气、气动等各学科的知识和原理，进行方案的设计和模拟实施，培养学生运用已有知识发现问题、分析问题、解决问题的能力，也就是创新动手的能力。

机械原理课程的教学实验设计，根据高校教学特点，从培养人才的需要出发，注意了实验的科学性与系统性。实验方案设计尽量巧妙新颖、独具特色，以激发学生的学习积极性和创造性。教学实验是分阶段的，先从简单实验开始，使学生掌握简单的仪器设备操作，熟悉实验方法，观察实验现象，搜集整理实验数据，而后循序安排设计性创新性实验项目。

本实验教程由冯春（实验 1），于淑梅、罗亚林（实验 2、实验 5、实验 6），李柏林（实验 3、实验 4），万洪章、罗亚林（实验 8），刘光帅（实验 9），罗亚林（实验 7、实验 10、实验 11、实验 12、实验 14），谢进（实验 13），卢存光（实验 15）编著，卢存光、谢进、罗亚林主编，陈永教授审核。

由于编者水平有限，缺点和错误在所难免，敬请广大读者给予批评指正。

编　者

2007 年 2 月

目　录

第一章　机构结构分析和设计

实验 1　运动副的认知实验

一、实验目的

（1）建立运动副的概念，对平面和空间的各种运动副都有比较深刻的认识。

（2）识别各种运动副，掌握每种运动副的运动约束数和自由度数。

（3）通过观察各种运动副，认识到结构不同但运动副可能相同，改变构件的结构可能会改变运动副的属性。

二、实验内容

为了使多个构件组成一个系统后相互之间具有确定的运动，构件与构件需要一种既直接接触又有相对运动的联接，这种联接称为运动副（见图 1.1）。

1. 运动副

两构件直接接触所形成的可动联接，称为运动副。

2. 运动副元素

两构件直接接触而构成运动副的点、线、面部分，称为运动副元素。图 1.1（a）中轴的外圆柱面与轴承内孔为运动副元素；图 1.1（b）中凸轮与滚子接触部分为运动副元素。

（a）轴与轴承构成运动副

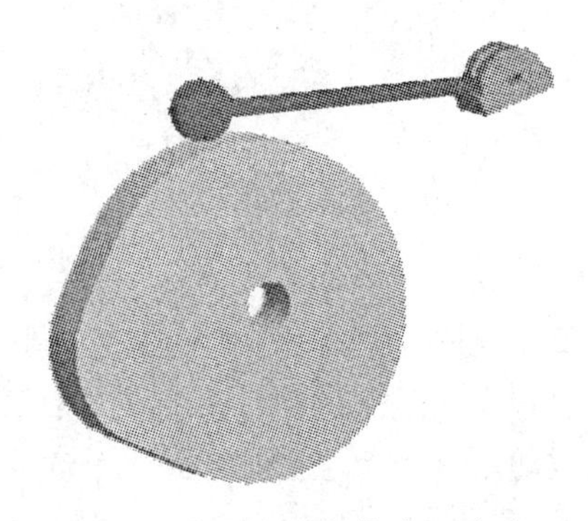

（b）凸轮与滚子间构成运动副

图 1.1　运动副示例

3. 构件的自由度

构件所具有的独立运动的数目。两个构件构成运动副后，构件的某些独立运动受到限制，这种限制称为约束。约束是指运动副对构件的独立运动所加的限制。运动副每引入一个约束，构件就失去一个自由度。

4. 运动副的分类

(1) 根据组成运动副两构件之间的接触特性分类（见图 1.2）。

(a) 低副接触

(b) 高副接触

图 1.2 运动副的分类 1

① 低副——两构件以面接触的运动副称为低副。根据它们之间的相对运动是转动还是移动，运动副又可分为转动副和移动副。

➢ 转动副——组成运动副的两构件之间只能绕某一轴线作相对转动的运动副。通常转动副的具体形式是用铰链连接，即由圆柱销和销孔所构成的转动副。

➢ 移动副——组成运动副的两构件只能作相对直线移动的运动副。

② 高副——两构件以点或线接触的运动副称为高副。

(2) 根据构件相对运动的形式分类（见图 1.3）。

① 平面运动副——两构件之间的相对运动为平面运动的运动副。

② 空间运动副——两构件之间的相对运动为空间运动的运动副。

(a) 平面运动副

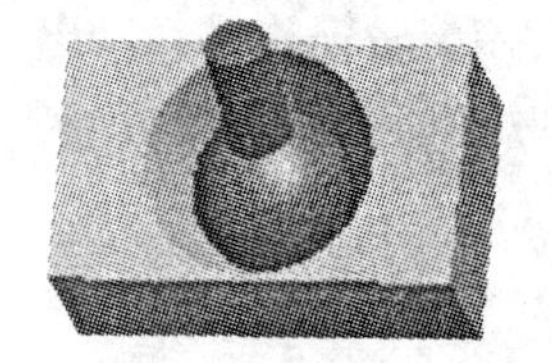

(b) 空间运动副

图 1.3 运动副的分类 2

(3) 根据运动副引入的约束数分类。

引入 1 个约束的运动副称为 1 级副，引入 2 个约束的运动副称为 2 级副，引入 3 个约束的运动副称为 3 级副，引入 4 个约束的运动副称为 4 级副，引入 5 个约束的运动副称为 5 级副。

(4) 根据构件间接触部分的几何形状分类（见图 1.4）。

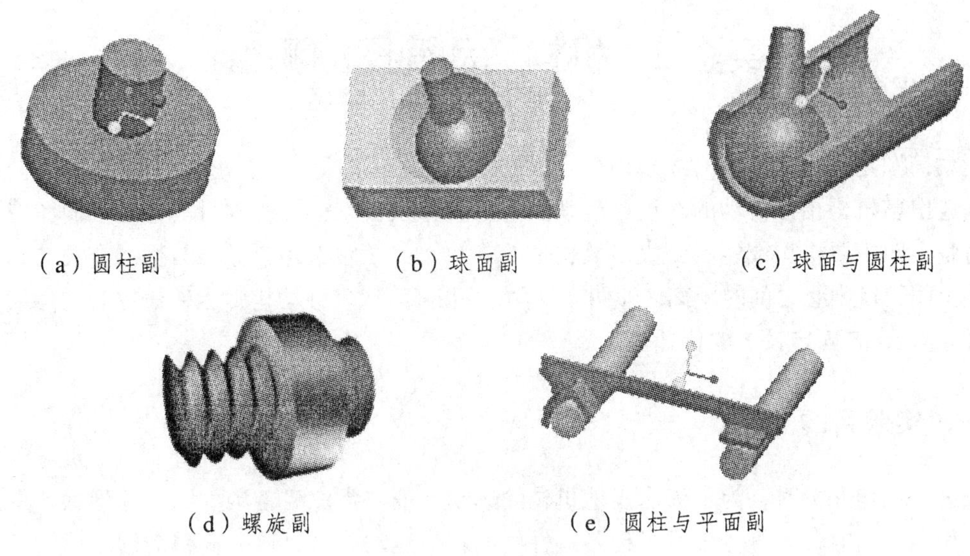

（a）圆柱副　（b）球面副　（c）球面与圆柱副

（d）螺旋副　（e）圆柱与平面副

图 1.4　运动副的分类 3

三、实验设备及材料

（1）计算机模拟：螺旋副、转动副、移动副。

（2）实物：螺旋副、转动副、移动副、扩大转动副。

四、实验原理

通过计算机动画模拟，反映出构件之间的装配关系与相对运动关系；模拟各种运动副的运动情况。

五、实验步骤

（1）复习运动副的概念、分类等教学内容。

（2）计算机模拟运动副时，仔细观察机构的运动，分清各个运动单元，从而确定组成机构的构件数目；根据相互连接的两构件间的接触情况及相对运动的特点，确定各个运动副的种类。

（3）在 CAD 软件上按一定比例尺，从原动件开始，逐步画出机构运动简图，用数字 1、2、3…分别标注各构件，用拉丁字母 A、B、C、…分别标注各运动副。

（4）确定机构名称、计算机构自由度数，并将结果与实际机构的自由度相对照，观察计算结果与实际情况是否一致。

（5）观察实物运动时，确定实物、模型所提供的运动副的属性，并对运动副的加工、安装、受力等方面进行分析和比较。

（6）填写实验报告（见附录）。

实验 2 机构运动简图的测绘

运动简图是一种用简单的线条和符号来表示工程图形的语言，要求能够表明机构的种类，能够描述出各机构相互传动的路线、运动副的种类和数目、构件的数目等。运动简图应选择在能清楚表明主要机构或能看到大多数构件的方向上。在图上还应标出与运动有关的尺寸，如构件上两铰链中心之间的距离（即两转动副之间的距离）、移动构件上铰链中心的运动线的位置（导向）、各固定铰链的位置等。

一、实验目的

在进行机构分析时，为了突出表达机构的运动特征，常忽略各零件的实际形状，用简单的线条和运动副的代表符号表示机构各构件间的相对运动关系，这种简单的图形称为机构运动简图。绘制机构运动简图是设计和分析各种机构的基本手段之一。

本实验的目的是，通过对一些机器实物（如缝纫机）或模型的机构运动简图的测绘和计算，掌握运动副的表示方法、机构运动简图的测量绘制方法及机构自由度的计算方法。

二、实验内容

对实验室提供的机器实物（如缝纫机）或模型进行机构参数测绘，按比例用运动副和构件的代表符号绘出机构运动简图，进而计算机构的自由度。

三、实验设备及材料

(1) 若干机构和机器的实物或模型（如曲柄滑块泵、曲柄摇块泵、曲柄摇杆泵及缝纫机等）。

(2) 学生自备直尺、铅笔、橡皮擦、三角板、圆规及草稿纸等。

四、实验原理

机构各部分的运动，仅取决于该机构中原动件的运动规律、各运动副的类型和运动尺寸（各运动副相对位置的尺寸），而与构件的外形和运动副的具体构造无关。为了便于分析和研究机构的运动，只需根据机构的运动尺寸，以简单的线条和符号表示构件和运动副，绘制机构运动简图，这样既简单明了又保持机构的运动特征不变。

五、实验步骤

机构运动简图的测绘示例如图 1.5 所示。

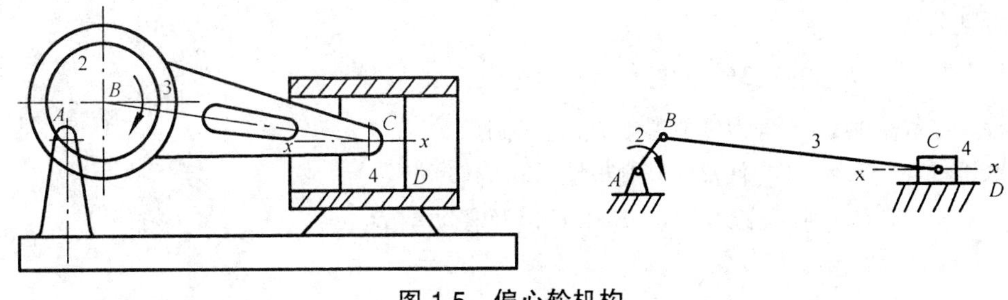

图 1.5　偏心轮机构

1. 机构运动简图测绘步骤

(1) 转动手柄，使机构运动。

注意观察此机构中哪些是活动构件，哪些是固定构件，确定出主动件及其数目，并逐一标注构件号码（如：1—机架；2—手柄及偏心轮；3—边杆；4—活塞）。

(2) 判断各构件间的运动副性质和数目。

从主动构件开始，按照运动传递的顺序，仔细观察各构件之间的相对运动，逐个确定出每两个构件间运动副的类型和各类型运动副的数目。

转动手柄，判定构件 2 与构件 1 的相对运动是绕轴 A 转动，故 2 与 1 在 A 点组成转动副；构件 3 与 2 的相对运动是绕偏心轮 2 的圆心 B 点转动，故 3 与 2 在 B 点组成转动副；构件 4 与 3 绕销 C 相对转动，故 4 与 3 在 C 点组成转动副；构件 4 与 1 沿水平方向 x-x 相对移动，故 4 与 1 组成方位线为 x-x 的移动副。这样，此偏心轮机构有 3 个转动副和 1 个移动副，共 4 个低副。

(3) 绘出机构草图，并测出构件尺寸。

在草稿纸上先大致画出机构的图形，然后测量各构件的尺寸，并将测量的尺寸标注在草图上。

对于组成转动副的构件，不管其实际形状如何，都只用两转动副之间的连线来表示，例如 AB 代表构件 2，BC 代表构件 3。

对于组成移动副的构件，不管其截面形状如何，总用滑块表示，例如滑块 4 代表构件 4，并通过滑块上转动副 C 的中心线 x-x 代表 4 与 1 相对移动的方向线（导向）。

机架部分用斜线表示，以便与活动构件区别，如构件 1；原动件上打箭头表示，以便与从动件区别，如构件 2。

图 1.5（b）即为图 1.5（a）所示机构的运动简图，测量尺寸标注在草图上。

(4) 根据测量的构件尺寸，按比例绘制简图。

选择恰当的长度比例尺μ_L（m/mm）按比例画出机构运动简图。

$$\mu_L = \frac{\text{构件的实际长度 (m)}}{\text{简图上所画的构件长度 (mm)}}$$

运动分析是要把机构的复杂的“外衣”脱掉，只把简单的运动特征划出来，决定它运动性质的是运动副和构件的杆长，用运动副的代表符号和简单的线条按比例画出的图即机构运动简图。

2. 计算机构的自由度

(1) 计算机构自由度。

自由度公式：

$$F=3n-2P_{L}-P_{H} \tag{1.1}$$

式中，n 为活动构件数；P_L 为低副数；P_H 为高副数。

在本机构中，$n=3$（构件 2、3 和 4 是活动构件）

$P_L=4$（转动副 A、B 和 C 以及移动副 D）

$P_H=0$

将参数代入（1.1）式得：

$$F=3\times3-2\times4=1$$

（2）核对计算结果是否正确。

根据计算所得的自由度 $F=1$，给机构一个原动件——手柄，当手柄转动时，观察机构各构件的运动是否确定，则可知计算结果是否符合实际。

3. 填写实验报告（见附录）

六、实验注意事项

（1）要按构件的实际方向和位置画图。

（2）一个构件上有两个转动副的两个副之间的尺寸要测量。

（3）固定机架有偏距的要测量。

实验 3　机构组成原理与自由度

本环节由高副低代、基本杆组与机构的组成以及平面机构自由度计算 3 部分组成。

一、实验目的

（1）加深对高、低副机构转换的认识。

（2）熟悉基本杆组的概念、分类和结构组成；使学生能利用基本杆组进行机构的结构设计，为机构的运动分析和动力分析打下基础。

（3）加深对自由度与机构确定运动规律的认识。

二、实验内容

（1）给定一个凸轮机构，对机构进行高副低代。

① 确定机构的级别。

② 验证低代前后机构运动规律（位移、速度和加速度）的变化。

（2）给出不同杆件数的机构，对比分析这些机构的组成与基本杆组的类型，进行机构的结构组成分析（机构的自由度、包含的基本杆组，拆除基本杆组是否影响机构的自由度），提出改变机构结构组成（保持机构的级别不变或改变机构的级别）的方案。

（3）当给定不同的主动件或不同的主动件个数时，观察机构是否有确定的运动规律。

三、实验设备及材料

机构模型、计算机和软件（实验室提供）。

四、实验原理

（1）高副低代。
（2）基本杆组与机构的组成。
（3）平面机构自由度的计算。

五、实验步骤

（1）“高副低代”实验。

进入实验主界面，点击按钮“凸轮机构”，可以看到凸轮机构的动态演示，同时也画出凸轮机构的位移、速度和加速度与时间的关系曲线；点击按钮“连杆机构”，可以看到高副低代后连杆机构的动态演示，同时也画出了连杆机构位移、速度和加速度与时间的关系曲线。

（2）“基本杆组与机构的组成”实验。

进入实验主界面，点击按钮“四杆机构”，可以观察四杆机构的运动；点击按钮“六杆机构”，可以观察到六杆机构的运动，同时也看到四杆机构和六杆机构的不同；点击按钮“八杆机构”，可以同时观察四杆、六杆和八杆机构的运动及不同之处。

（3）“平面机构自由度的计算”实验。

进入实验主界面，可以看到“五杆机构”的示意图，点击按钮“具体操作步骤”进入软件 Pro/E，观察五杆机构主动件数分别为 1、2、3 时的机构运动情况。

（4）填写实验报告（见附录）。

第二章　机构运动分析和设计

实验4　高副机构共轭曲线的设计和加工

一、实验目的

（1）使学生对共轭曲线的包络原理有深入的认识。

（2）明确要实现两个构件之间的某种相对运动可以有无穷多共轭曲线（但在设计时必须考虑曲线的加工问题）。

二、实验内容

（1）标准齿轮范成加工。

（2）变位齿轮范成加工。

（3）任意形状齿轮范成加工。

（4）任意包络线的生成。

三、实验设备及材料

齿轮范成仪、计算机和软件（实验室提供）。

四、实验原理

（1）共轭曲线的特性与形成。

（2）高副的运动副元素为共轭曲线。

（3）已知两构件之间的相对运动关系（速度瞬心）曲线和一个构件的曲线，或已知两个构件的运动和一个构件的曲线，用包络方法就可以求作另外一个构件的曲线形状。齿轮机构的设计属于第一种情况，凸轮机构的设计属于第二种情况；包络方法也奠定了高副的加工方法。

五、实验步骤

（1）进入实验主界面，点击按钮“点击进入”。

（2）选择“齿轮参数输入”或选取默认值。

（3）点击“控制按键”，可以看到两个构件的运动和共轭曲线的形成。

（4）填写实验报告（见附录）。

实验 5　渐开线齿轮范成原理

一、实验目的

(1) 通过用范成仪描绘渐开线齿轮的齿廓，掌握用范成法制造渐开线齿轮的原理。
(2) 了解渐开线齿轮产生根切的现象，以及用移矩变位法来避免产生根切的方法。
(3) 观察比较标准齿轮与变位齿轮的异同。

二、实验内容

用范成仪描绘渐开线标准齿轮与变位齿轮的齿廓。

三、实验设备及材料

(1) 设备。
齿轮范成仪，结构如图 2.1 所示。

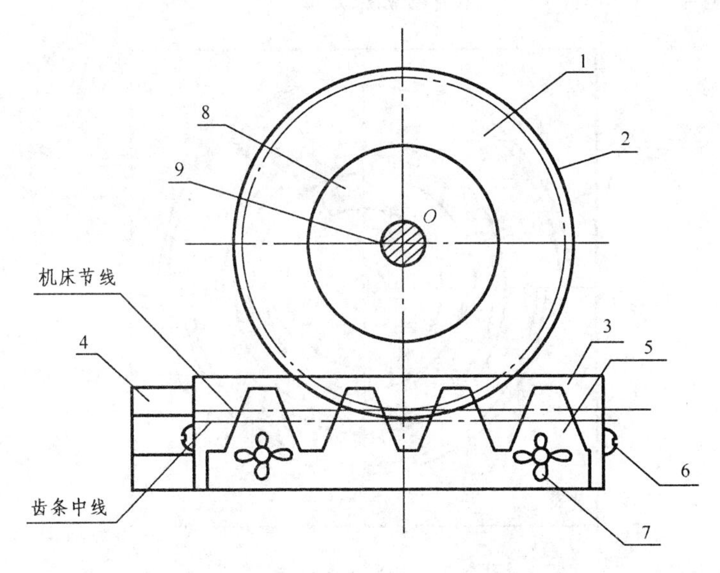

1—圆盘—装轮坯的工作台；2—弦线—对应轮坯分度圆；3—上滑板；4—机架；
5—齿条刀具；6—螺丝；7—压紧螺丝；8—一定位圆盘；9—压紧螺帽

图 2.1　齿轮范成仪

圆盘 1 装在机架 4 上，可绕 O 轴旋转，圆盘上绕有弦线 2（弦线中心线所在的圆代表被切齿轮之分度圆）。弦线的两端由螺丝 6 固定的上滑板上，上滑板 3 可在机架 4 的导槽内沿水平方向左右移动，齿条刀具 5 装在上滑板上，通过弦线的作用，使圆盘 1 的转动与上滑板 3 的移动联系起来，分度圆始终与机床节线作纯滚动，从而构成范成运动。通过压紧螺丝 7 可调整齿条刀具中线相对于圆盘中心 O 之间的径向距离，塑料圆盘 8 起定位及压紧轮坯（图纸）的作用。

（2）自备工具。

圆规、剪刀、铅笔（HB）、厚绘图纸一张（280 mm×280 mm）。

四、实验原理

（1）齿轮与齿条啮合时，其相对运动可视为是齿轮分度圆沿齿条节线做纯滚动。如果将齿条换为齿条刀具，图纸换为齿坯使它们保持上述相对运动，再使齿条刀具沿齿坯轴心线方向作切削运动就可加工出齿轮，这种方法称为范成法（滚切法）。

（2）加工标准齿轮：齿条刀具线（模数线）与被加工齿轮分度圆相切。

（3）加工变位齿轮：齿条刀具中线与被加工齿轮分度圆二者分离。

说明：刀具中线相对齿坯中心外移为正变位，刀具中线内移为负变位。

五、实验步骤

（1）实验前按实验报告（见附录）表格中的要求计算标准齿轮与变位齿轮的几何尺寸。

（2）将算出的几何尺寸画在实验用图纸上（见图 2.2），并绘出定位圆（$R=62.5$ mm），检查所画尺寸无误后，可沿齿顶圆外 1 mm 处剪下，并剪好中心孔。

说明：定位圆为本实验台所专用，实物机床用心轴定位。

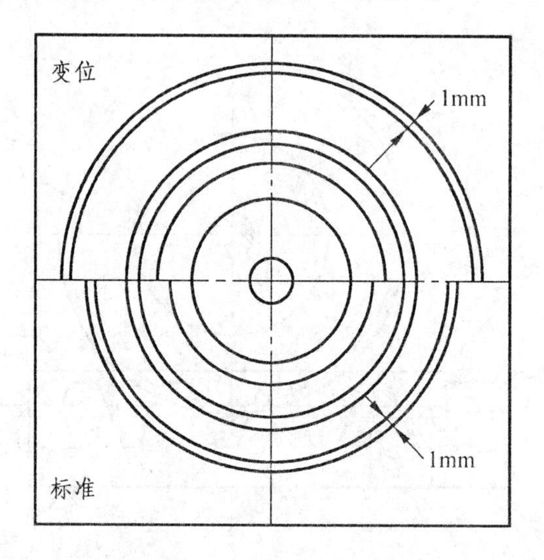

图 2.2 在图纸上绘定位圆

（3）松开压紧螺帽 9，取下定位圆盘，将剪好的图纸的中心孔套入中心轴内，同时将标准齿轮部分插入齿条与上滑板之间放上定位圆之圆盘，使所画之定位圆与塑料圆盘重合后旋紧压紧螺帽（注意保持图纸上的中心线与齿条刀上的中线平行）。

① 绘制标准齿轮。

调整齿条，使齿条刀具中线与被加工齿轮（图纸上画的）分度圆相切，左右移动上滑板检查无误后拧紧螺丝 7。将上滑板移至右边（或左边）的垂直位置（即机架中间位置），然后用铅笔将所有压在齿条刀下的图纸上的齿条齿廓的投影线，全部描绘在图纸上（在机床上就是刀具对轮坯切了一刀)；每移动一格（刻度在机架上）描绘一次，逐个描绘，直至上滑板移至左（或右）边的垂直位置，这样便包络出被加工齿轮的 2～3 个轮齿，如图 2.3 所示的根切现象。

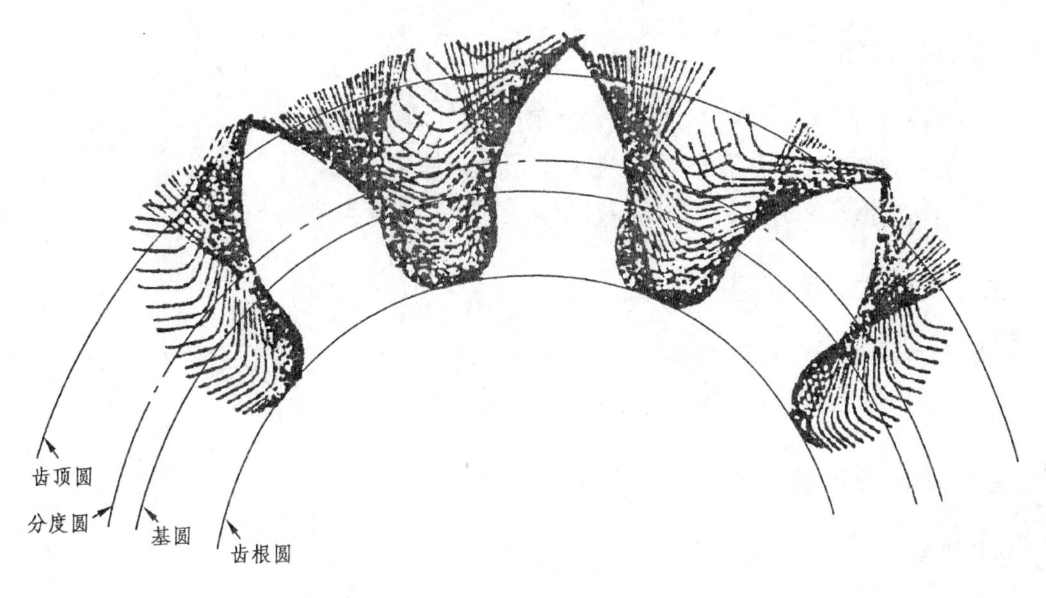

图 2.3　标准齿轮（$Z=10$）

② 绘制变位齿轮。

压住上滑板转动圆盘将变位齿轮部分的图纸，转至齿条刀具及上滑板之间，仍使图纸中心线与齿条刀具中线平行，松开压紧螺丝 7 将齿条 5 远离轴心的方向移动距离 x（该距离可参考齿条上的标尺），然后按上述同样方法绘出 2～3 个轮齿，如图 2.4 所示。

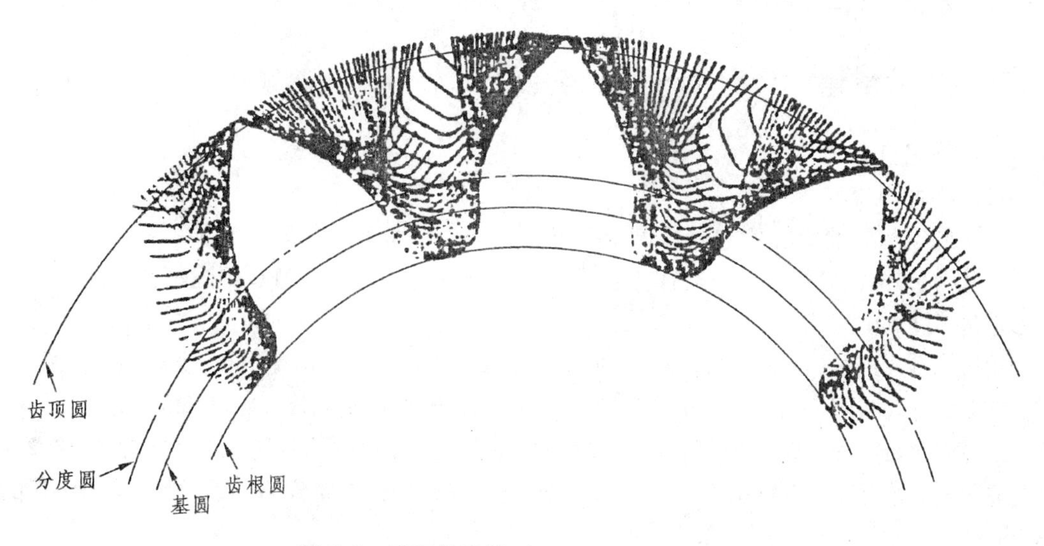

图 2.4　正变位齿轮（$Z=10$，$x=0.4117$）

(4) 填写实验报告（见附录)。

实验6　渐开线直齿圆柱齿轮的参数测定

一、实验目的

（1）掌握应用游标卡尺测定渐开线直齿圆柱齿轮的基本参数的方法。

（2）巩固并熟悉齿轮各部分尺寸，参数和渐开线性质。

（3）用新学的基本知识，来解决齿轮参数测定这一实际生产问题的动手能力。

二、实验内容

对渐开线直齿圆柱齿轮进行测量，确定其基本参数（模数 m 和压力角α）并判别它是否为标准齿轮；对非标准齿轮，求出其变位系统 X。

三、实验设备及材料

（1）待测齿轮。

（2）游标卡尺。

（3）渐开线函数表及计算器（自备）。

四、实验原理

渐开线的性质，渐开线齿轮各个参数之间的关系，特别是（$K+1$）个齿和 K 个齿的公法线长度之差恒等于基圆齿距这一特性。

五、实验步骤

（1）确定齿数 Z。

齿数 Z 可以直接数出来。

（2）测定齿顶圆直径 d_a和齿根圆直径 d_f。

d_a和 d_f的值可以用游标卡尺测定，为减少测量误差，同一数值在不同位置上测量 3 次，然后取算术平均值。

用游标卡尺测量，为减少测量误差，同一数值应在不同位置上测量 3 次，然后取算术平均值。

当齿数为偶数时，d_a和 d_f可用游标卡尺在待测齿轮上直接测量，如图 2.5 所示。

当齿数为奇数时，直接测量得不到 d_a 和 d_f的真实值，而须用间接测量的方法如图 2.6 所示。先量出齿轮安装孔直径 D，再分别量出孔壁到某一齿顶的距离 H_1和孔壁到某一齿根的距离 H_2，则 d_a和 d_f可按下列式求出：

$$d_a = D + 2H_1 \quad \text{(mm)}$$

$$d_f = D + 2H_2 \quad \text{(mm)}$$

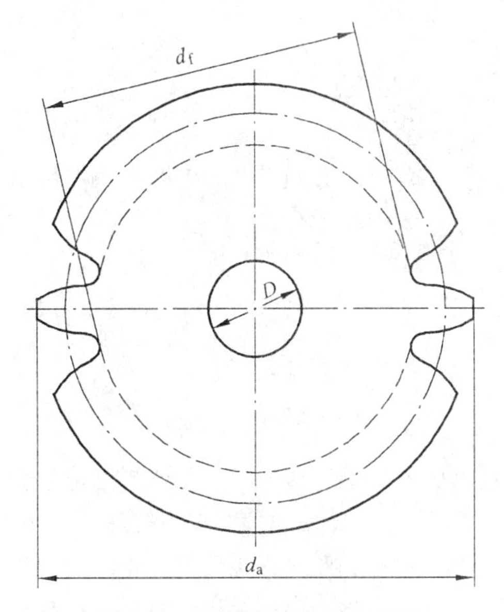

图 2.5　齿数为偶数时的情形

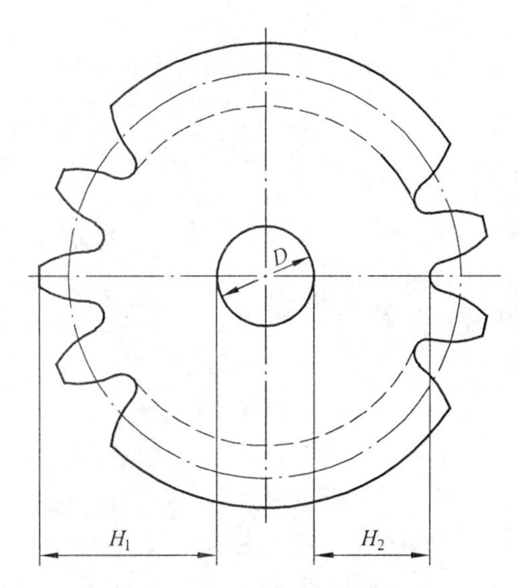

图 2.6　齿数为奇数时的情形

(3) 计算全齿高 h。

$$h=H_1-H_2 \qquad (\mathrm{mm})$$

$$h=(d_a-d_f)/2 \qquad (\mathrm{mm})$$

(4) 测定公法线长度 W'_K，基节 p_b。

用游标卡尺测出 K 个齿和（$K+1$）个齿的公法线长度 W_K 和 W_{K+1} 从而计算出齿轮的基圆齿距 P_b。

P_b 可按下式计算（卡尺所卡齿数见表 2.1，$\alpha=20°$）：

$$P_b=W'_{K+1}-W'_K=\pi m\cos\alpha \qquad (\mathrm{mm})$$

表 2.1　卡尺齿数对照表

Z	12～18	19～27	28～36	37～45	46～54	55～63	64～72	73～81
K	2	3	4	5	6	7	8	9

方法是：首先根据被测齿轮的齿数 Z，按上表查出跨测齿数 K，再按图 2.7 所示的方法量出跨测 K 个齿的公法线长度值 W'_K；为了计算 P_b，还要按同样方法量出（$K+1$）个齿时的公法线长度值 W'_{K+1}。考虑到齿轮存在公法线长度变动量误差，所以测量 W'_K 和 W'_{K+1} 值时，应在相同的几个齿上进行。公法线长度及跨齿数的简化公式如表 2.2 所示。

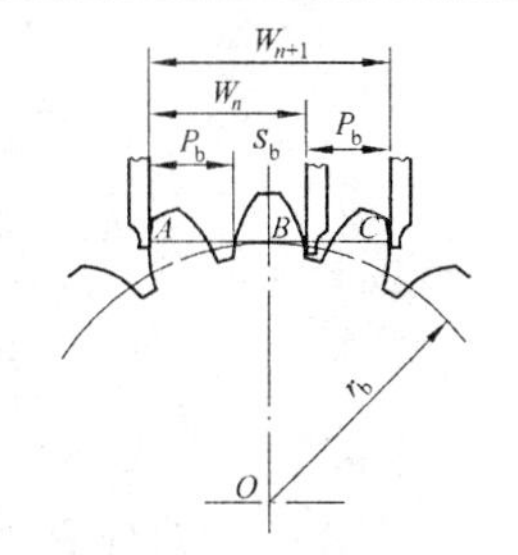

图 2.7　测量公法线长度

表 2.2　公法线长度与跨齿数简化公式表

压力角	公法线长度 W	跨齿数
20°	$M[2.9521(K-0.5)+0.014Z]$	$0.111Z+0.5$
15°	$M[3.0345(K-0.5)+0.00594Z]$	$0.083Z+0.5$

（5）确定模数 m 和压力角 α 。

由于齿轮分度圆上的 m 和 α 是标准化了的，所以它们可以通过下式求得：

$$m = P_{\mathrm{b}} / (\pi\cos\alpha)$$

对于公制齿轮可分别以 $\alpha = 20°$ 和 $\alpha = 15°$ 代入上式求出相应的 m 值，然后取最接近标准值的一组 m、α 值。

（6）判定被测齿轮是否为标准齿轮，并确定其变位系数 x。

若测出的齿顶圆直径 d_{a} 和齿根圆直径 d_{f} 符号按下述公式计算出的数值（或与之相近），则被测齿轮为标准齿轮。

$$d_{\mathrm{a}} = m(Z + 2h_{\mathrm{a}}^{*}) \qquad (\mathrm{mm})$$

$$d_{\mathrm{f}} = m(Z + 2h_{\mathrm{a}}^{*} - 2C^{*}) \qquad (\mathrm{mm})$$

若测出的齿顶圆直径 d_{a} 和齿根圆直径 d_{f} 与按上式求出的数值相差较多，则被测齿轮为变位齿轮。当测量值均大于计算值时，被测齿轮为正变位齿轮；反之则为负变位齿轮。

应当指出，用上述方法只能定性地判定一个齿轮是否为标准齿轮，由于变位齿轮的齿顶圆直径还可能受到齿顶降低系数 σ 的影响，因此用上述方法无法精确地求出被测齿轮的变位系数 x。

判定一个齿轮是标准齿轮还是变位齿轮，最好是将其公法线长度的测量值 W_K' 与理论计算值 W_K 加以比较，若 $W_K' = W_K$ ，则被测齿轮为标准齿轮；若 $W_K' \neq W_K$ ，则被测齿轮为变位齿轮，其变位系数 x 可按下式求得：

$$X = \frac{W_K' - W_K}{2m\sin\alpha}$$

若 $x>0$ 则被测齿轮为正变位齿轮；若 $x<0$ 则被测齿轮为负变位齿轮。

（7）确定齿顶高系数 h_{a}^{*}，径向间隙系数 C^{*}。

$$h_{\mathrm{a}} = \frac{d_{\mathrm{a}} - mZ}{2}$$

$$h_{\mathrm{f}} = \frac{mZ - d_{\mathrm{f}}}{2}$$

$$h_{\mathrm{a}}^{*} = \frac{h_{\mathrm{a}}}{m}$$

$$c^{*} = \frac{m(Z - 2h_{\mathrm{a}}^{*}) - d_{\mathrm{f}}}{2m}$$

（8）填写实验报告（见附录）。

实验 7　机械运动学参数测定与分析

一、实验目的

（1）了解位移、速度、加速度的测定方法，角位移、角速度、角加速度的测定方法，转速及回转不匀率的测定方法。

(2) 了解 MEC-B 机械动态参数测试仪、光电脉冲编码器、同步脉冲发生器（或称角度传感器）的基本原理，并掌握它们的使用方法。

(3) 初步掌握用 ADAMS 软件进行虚拟实验、分析机械系统的能力。

(4) 通过比较与分析理论运动线图与实测运动线图，增加对速度、角速度，特别是加速度、角加速度的感性认识。

(5) 比较曲柄导杆机构与曲柄滑块机构的性能差别。

二、实验内容

(1) 对简单的四杆机构（曲柄摇杆机构、曲柄滑块机构、或转动导杆机构）进行运动参数的测量，用机械动态参数测试仪测量实测绘制运动线图。

(2) 对选用的四杆机构，用 ADAMS 仿真软件包测量、计算、绘制理论运动线图。

(3) 比较实验记录实测曲线与理论计算曲线。

三、实验设备及材料

本实验的实验系统如图 2.8 所示。

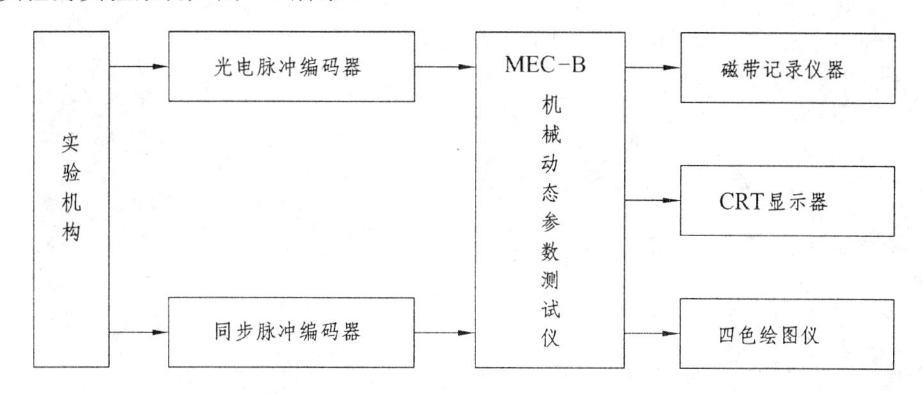

图 2.8　MEC－B 机械运动参数测试实验系统

(1) 实验机构（详见“实验原理”）。

(2) MEC-B 机构动态参数测试仪。

(3) PP-40 四色绘图仪。

(4) 磁带记录仪（普通家用录音机）。

(5) 光电脉冲编码器（也可采用其他各种数字式或模拟式传感器）。

(6) 同步脉冲发生器（或称角度传感器）。

(7) 计算机和仿真软件（如 ADAMS 软件）。

四、实验原理

1. 用机械动态参数测试仪测量实际运动线图

(1) 实验机构。

本实验用到曲柄滑块机构及曲柄导杆机构（也可采用其他各类实验机构），其原动力采用直流调速电机，电机转速可在 0～3 600 r/min 范围作无级调整。经蜗轮蜗杆减速器减速，机构的曲柄转速为 0～120 r/min。

图 2.9 所示为实验机构的简图，利用往复运动的滑块推动光电脉冲编码器，输出与滑块位移相当的脉冲信号，经测试仪处理后即可得到滑块的位移、速度及加速度量。图 2.9（a）为曲柄滑块机构的结构形式；图 2.9（b）为曲柄导杆机构的结构形式，后者是前者经过简便的改装得到的（在本装置中已配有改装所必备的零件）。

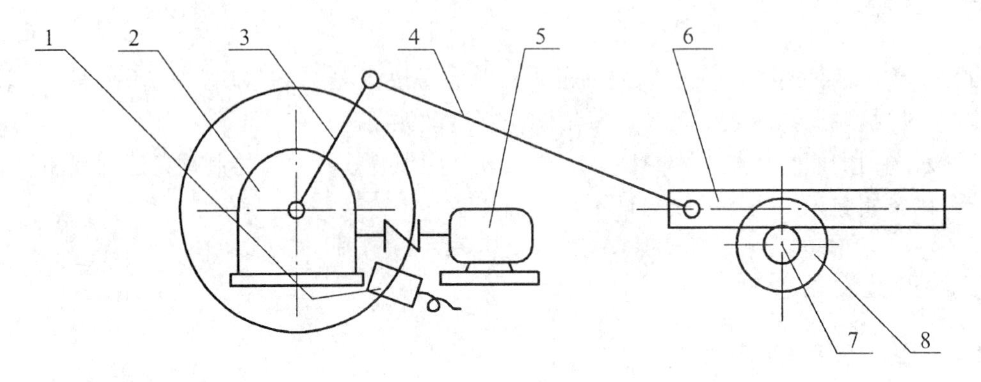

（a）曲柄滑块机构

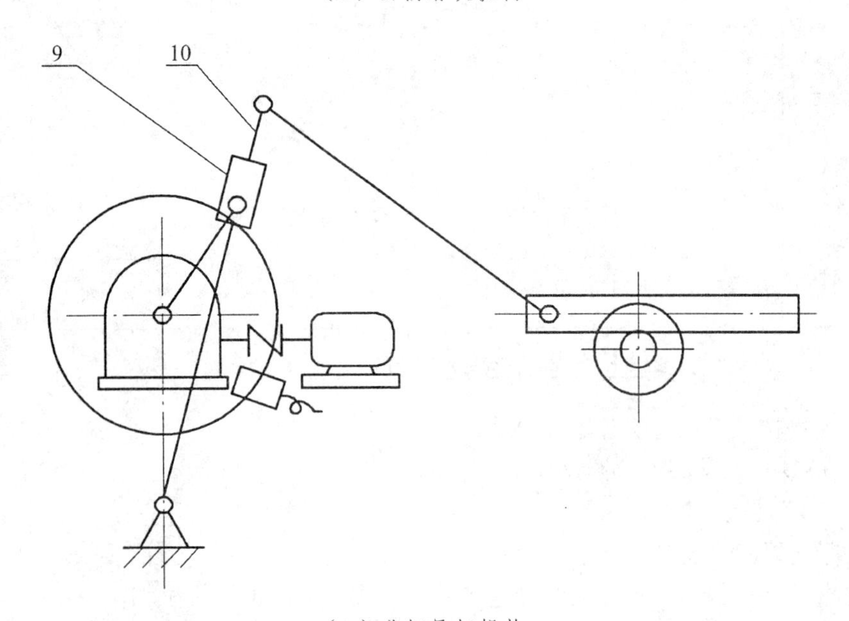

（b）曲柄导杆机构

1—同步脉冲发生器；2—涡轮减速器；3—曲柄；4—连杆；5—电机；6—滑块；
7—齿轮；8—光电脉冲编码器 9—导块；10—导杆

图 2.9 实验机构简图

（2）MEC-B 机械动态参数测试仪。

MEC-B 机械动态参数测试仪的外形结构如图 2.10 所示，其中图（a）为正面结构，图（b）为背面结构。

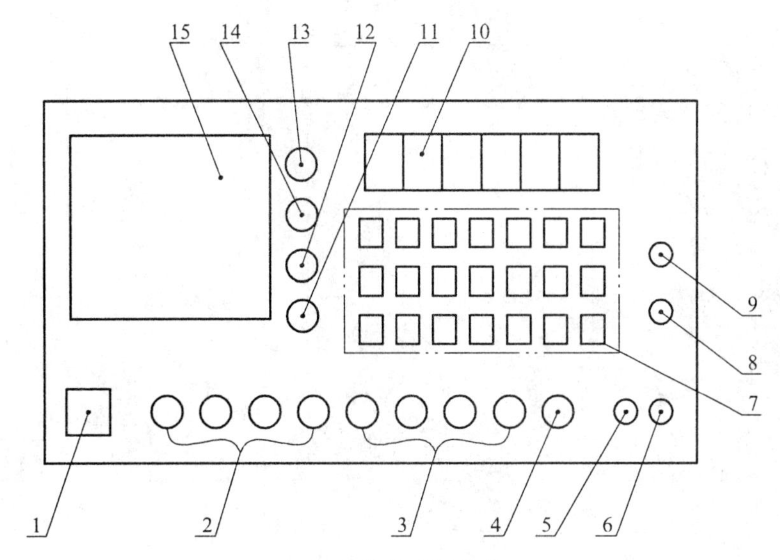

（a）测试仪面板结构

1—电源开关；2—四路模拟传感器输入口，通道号 1～4；3—四路数字传感器输入口，通道号 5～8；4—转角兼同步传感器输入口，通道号 9；5—外触发信号输入插口 J_1；6—同步信号输入插口 J_2；7—键盘；8—磁带信息调入插口 J_3（接录音机 EAR）；9—主机信息储存磁带插口 J_4（接录音机 MCR）；10—六位 LED 数码显示器；11—亮度调节；12—对比度调节；13—帧频调节；14—行频调节；15—CRT 显示器

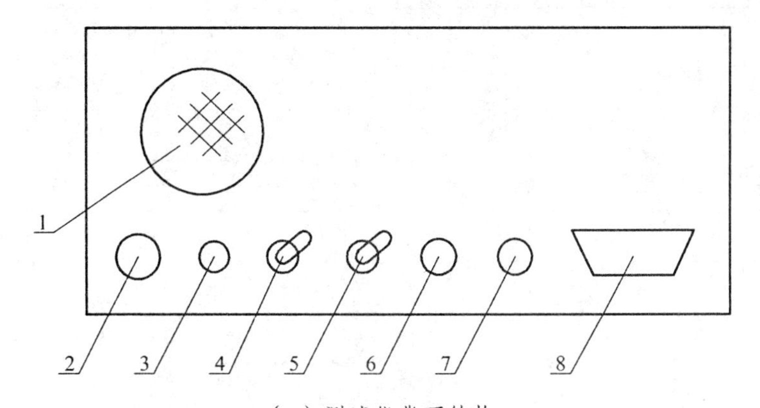

（b）测试仪背面结构

1—冷却风扇；2—电源插座；3—保险插座；4—冷却风扇开关；5—CRT 电源开关；6—外接 CRT 插口 J_5；7—接地端子；8—PP－40 打印机接口

图 2.10　参数测试仪面板结构

以本测试仪为主体的整个测试系统的原理框图如图 2.11 所示。

MEC-B 型机械参数测试仪的指令格式为：

A	B	×	×	×	×

其中 A、B 为功能代码，功能见表 2.3 所示。

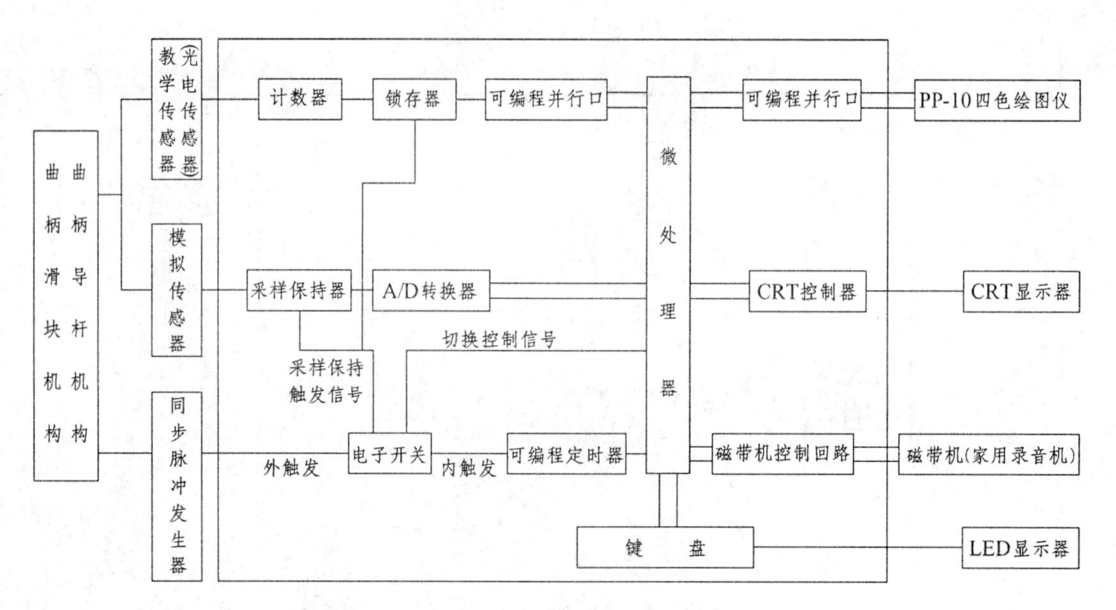

图 2.11 测试系统的原理框图

表 2.3 参数测试仪功能代码一览

功 能	功能代码	备 注
定时采样	00	采样周期 200 μs ~ 9.9 ms
	01	采样周期 10 ms ~ 990 ms
	02	采样周期 1 s ~ 99 s
	03	采样周期 100 s ~ 9 900 s
定角采样	04	采样周期 2°，4°，6°，8°，10°共五挡
单通道位移定时测量	10	采样周期 200 μs ~ 9.9 ms
	11	采样周期 10 ms ~ 990 ms
	12	采样周期 1 s ~ 99 s
	13	采样周期 100 s ~ 9 900 s
单通道位移定角测量	14	采样周期 2°，4°，6°，8°，10°共五挡
单通道张力定时测量	20	采样周期 200 μs ~ 9.9 ms
	21	采样周期 10 ms ~ 990 ms
	22	采样周期 1 s ~ 99 s
	23	采样周期 100 s ~ 9 900 s
单通道张力定角测量	24	采样周期 2°，4°，6°，8°，10°共五挡
单通道压力定时测量	25	采样周期 200 μs ~ 9.9 ms

续表　2.3

功　能	功能代码	备　　注
单通道压力定角测量	26	采样周期 2°，4°，6°，8°，10°共五挡
转速测量	300	0.5～60 r/m
	301	量程 60～10 000 r/m
回转不匀率	31	转角分度 2°，4°，6°，8°，10°共五挡
满量程脉冲当量设定	40	量程或当量范围 0.01～999
零位设定	45	模拟口适用、输入电压 0～5 V
S－V－A 计算	50	计算指定通道的线位移、速度、加速度
θ－ω－ε 计算	51	计算指定通道的角位移、角速度、角加速度
调内存显示	95	按“TURN”专用键，显示指定通道信息
	非 95	按“TURN”键，翻页
拷贝与打印	××	按“PRINT”键，拷贝屏幕内容
	99	按“PRINT”键，打印指定范围数据表格
自动标定	41～44	按“CALI”专用键 标定范围 0.001～9999，仅适用 1～4 模拟通道

在实验机构的运动过程中，滑块的往复移动使得光电脉冲编码器转换输出具有一定频率（频率与滑块往复速度成正比），0～5 V 电平的两路脉冲，接入测试仪数字量通道由计数器计数。也可采用模拟传感器，将滑块位移转换为电压值，接入测试仪模拟通道，通过 A/D 转换口转变为数字量。

测试仪具有内触发和外触发两种采样方式（详见操作说明书）。当采用内触发方式时，可编程定时器按操作者所置入的采样周期要求，输出定时触发脉冲；同时微处理器输出相应的切换控制信号，通过电子开关对锁存器或采样保持器发出定时触发信号，将当前计数器的计数值或模拟传感器的输出电压值保持，经过一定延时，由可编程并行口或 A/D 转换读入微处理器中，并按一定格式存储在机内 RAM 区中。若采用外触发采样方式，可通过同步脉冲发生器将机构曲柄的角位移（2°、4°、6°、8°、10°）信号转换为相应的触发脉冲，并通过电子开关切换，发出采样触发信号。利用测试仪的外触发采样功能，可获得以机构主轴角度变化为横坐标的机构运动线图。

机构的速度、加速度数值，由位移经数值微分和数字滤波得到。与传统的 R-C 电路测量法或分别采用位移、速度、加速度测量仪器的系统相比，它具有测试系统简单、性能稳定可靠、附加相位差小、动态响应好等优点。

本测试系统测试结果不但可以以曲线形式输出，还可以直接打印出各点数值，这就克服了以往测试方法，必须对记录曲线进行人工标定和数据处理而带来较大的幅值误差和相位误差问题。

MEC-B 测试仪由于采用微处理器及相应的外围设备，因此在数据处理的结果显示、记录，打印的便利、清晰、直观以及灵活性等方面明显优于非微机的同类仪器。另外，操作命令采用代码和专用键相结合，操作灵活方便，实验准备工作简单（在学生进行实验时稍作讲解即可）。

(3) 光电脉冲编码器。

光电脉冲编码器又称增量式光电编码器，它是采用圆光栅通过光电转换，将轴转角位移转换成电脉冲信号的器件（见图 2.12）。它由灯泡、聚光透镜、光电盘、光栏板、光敏管和光电整形放大电路组成。

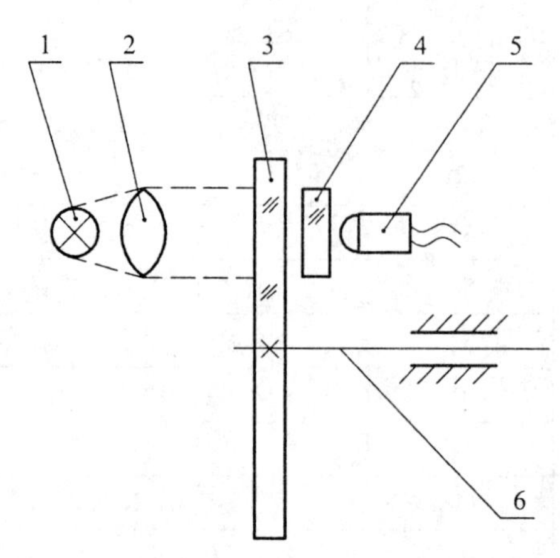

1—灯泡；2—聚光灯；3—光电盘；4—光栅板；5—光敏管；6—主轴

图 2.12 光电脉冲编码器结构原理图

光电盘和光栏板是用玻璃材料经研磨、抛光制成。在光电盘上用照相腐蚀法制有一组径向光栅，而光栏板上有两组透光条纹，每组透光条纹后都装有一个光敏管，它们与光电盘透光条纹的重合性差 1/4 周期。光源发出的光线经聚光镜聚光后，发出平行光；当主轴带动光电盘一起转动时，光敏管就接收到光线亮、暗变化的信号，引起通过光敏管的电流发生变化，输出两路相位差 90° 的近似正弦波信号，它们经放大、整形后得到两路相位差 90°的主波 d 和 d′（见图 2.13）。d 路信号经微分后加到两个与非门输入端作为触发信号，d′ 路经反相器反相后得到两个相位相反的方波信号，分别送到与非门剩下的两个输入端作为门控信号，与非门的输出端即为光电脉冲编码器的输出信号端，可与双时钟可逆计数的加、减触发端相接。

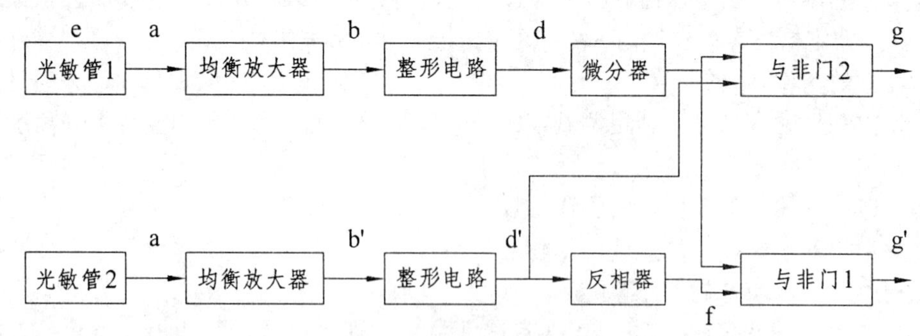

图 2.13 光电脉冲编码器、电路原理框图

当编码器转向为正时（如顺时针），微分器取出 d 的前沿 A，与非门 1 打开，输出一负脉冲，计数器作加计数；当转向为负时，微分器取出 d 的另一前沿 B，与非门 2 打开，输出一负脉冲，计数器作减计数。某一时刻计数器的计数值，即表示该时刻光电盘（即主轴）相对于光敏管位置的角位移量（见图 2.14）。

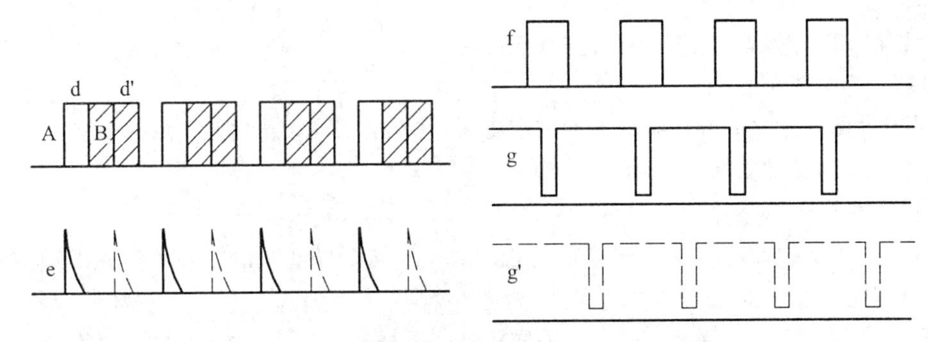

图 2.14　光电脉冲编码器电路各点信号波形图

2. 用 ADAMS 仿真软件包测量理论运动线图

美国著名软件公司 MDI 开发的 ADAMS（Automated Dynamic Analysis of Mechanical Systems）是世界上应用最广、最权威的机械系统自动动力学仿真软件。利用此软件，用户可以快速、方便地创建完全参数化的机械系统几何模型。该模型既可以是在 ADAMS 软件中直接建造的简化几何模型，也可以是从其他 CAD 软件中传过来的造型逼真的几何模型。然后，在几何模型上施加力/力矩和运动激励。最后执行一组与实际状况十分接近的运动仿真测试，所得到的测试结果就是机械系统工作过程的运动仿真。用户利用 ADAMS 软件，能够快速对各种设计方案进行研究，给出仿真分析的结果，以 *x-y* 曲线图和动画显示的方式输出。

ADAMS/View 是 ADAMS 系列产品的核心模块之一，是以用户为中心的交互式图形环境。该模块使用户将便捷的图标操作、菜单操作、鼠标点取操作与交互式图形建模、仿真计算、动画显示、优化设计、*x-y* 曲线处理、结果分析和数据打印等功能完美地集成在一起。ADAMS/View 采用简单的分层方式完成建模工作，它提供了丰富的零件几何图形库、约束库和力/力矩库，并且支持布尔运算，采用 Parasolid 作为实体建模的核，支持 FORTRAN/77 和 FORTRAN/90 中所有函数。除此之外，它还另外提供了许多函数、常量和变量。

在 ADAMS/View 中，用户利用 TABLE EDITOR，可像用 EXCEL 一样方便地编辑模型数据；同时还提供了 PLOT BROWER 和 FUNCTION BUILDER 工具包；DS（设计研究）、DOE（实验设计）及 OPTIMIZE（优化）功能可使用户方便地进行优化工作。ADAMS/View 有自己的高级编程语言，支持命令行输入命令和 C++ 语言，有丰富的宏命令以及快捷方便的图标、菜单和对话框创建和修改工具包。

五、实验步骤

1. 测量实际运动线图

（1）滑块位移、速度、加速度测量。

① 将 PP-40 四色绘图仪接入测试仪后板插座，打开 CRT 电源开关，启动面板电源开关，数码管显示“P”，适当调节 CRT 亮度与对比度，若环境温度超过 30°C 应打开风扇开关。

② 调整同步脉冲发生器接头与分度盘位置，使分度盘片插入同步脉冲发生器探头的槽内。拨动联轴器使分度盘转动，每转 2°（即一个光栅）探头上的绿色指示灯闪烁一次，每转一圈红灯闪烁一次（一般第一次调好后即可，不需要每次都调整）。

③ 将光电编码器输出 5 芯插头及同步脉冲发生器输出插头分别插入测试仪 5 通道及 9

通道插座，在 LED 数码显示器上键入“0055T_1T_2”指令（$T_1T_2\times0.1$ ms 即代表采样周期，T_1T_2 为 01～99 间任一整数）。

若采用触发（即定角度）采样方式，则键入“0455T_1”指令（T_1 在 1～5 中取值，分别表示触发角为 2°、4°、5°、8°、10°）。

④ 启动机构。

在机构电源接通前，将电机调速电位器逆时针旋转至最低速位置，再接通电源，并顺时针转动调速电位器，使转速逐渐加速至所需值（否则易烧断保险丝，甚至损坏调速器）；待机构运转正常后，按 EXEC 键，仪器进入采样状态；采样结束后，在 CRT 显示屏上会显示位移变化曲线。结束后先将电机调速至“零速”，然后再关闭机构电机，按 MON 键退出采样状态。

⑤ 脉冲当量设定。

键入“4050.05”指令后，按 EXEC 键，再按 MON 键。“0.05”为光电脉冲编码器的脉冲当量 M，按以下公式计算：

$$M=\pi\Phi/N=0.050\ 26\ (\text{mm/脉冲})$$

式中，M 为脉冲当量，此处取为 0.05；Φ为齿轮分度圆直径（现配齿轮$\Phi=16$ mm）；N 为光电脉冲编码器每周脉冲数（现配编码器 $N=1\ 000$）。

⑥ 位移、速度、加速度计算。

键入“505n”指令，n 表示采样位移曲线周期数，一般为 2～3。

按 EXEC 键，仪器对通道已采集的位移数据进行数值微分、滤波、标定等处理，待处理结束后在 CRT 显示屏上显示位移、速度、加速度变化曲线及有关特征值数据。

⑦ 打印。

按 PRINT 键，即可将屏幕内容拷贝到 PP40 打印机纸上；打印结束后，按 MON 键退出当前状态。

（2）转杆角位移、角速度、角加速度测量（以曲柄为研究对象）。

① 调节同步脉冲发生器。

② 将转接线的 5 芯航空插头插入测试仪第 6 通道，另一头插入 J_1，键入“0066T_1T_2”指定（定义见前文），后按 EXEC 键。

采样结束后 CRT 会显示采样角位移曲线，退出按 MON 键。

注： 采用上述方法测曲柄角位移时，无外触发采样功能。

③ 脉冲当量设定。

键入“4062.0”指令（2.0 表示每个脉冲当量为 2°）。

④ 角位移、角速度、角加速度计算。

键入“516n”指令后按 EXEC 键。

此时取值与曲柄转速和采样周期有关，应加以计算后确定。一般可预置一个估计值计算后看一下角速度变化周期数，然后再重新计算即可。若采样时 T_1T_2 与滑块运动规律测试时相同，则 n 值也同样。

⑤ 打印。

（3）转速及回转不匀率测试。

① 调节同步脉冲发生器，将 5 芯航空插头插入 9 通道。

② 转速测量。

键入“300”指令后，按 EXEC 键。

该指令执行后，在 LED 显示器上会不断间隔显示被测轴当时的平均转速。按 RESET 键，结束测速过程，返回等待状态“P”。

③ 回转不匀率测试。

键入“3199T_2”指令后，按 EXEC 键。

如表 2.4 所示，若键入 $T_2=1$ 则表示每隔 2° 触发采样一次转速值，所测各点速度值即为采样瞬时被测轴每转过 2° 的平均值；若键入 $T_2=5$，则表示为每转过 10° 的平均值。显而易见，对同一被测轴，若存在有回转不匀问题，则键入 $T_2=1$ 与 $T_2=5$ 所得结果是有所差别的。被测轴回转越不稳定，它们差别一般越大。T 的取值由具体情况而定（在允许范围内 T_2 应尽可能小）。

测试结束后，在 CRT 上显示回转不匀率动态曲线及特征值。

表 2.4　测试结果分析

角度代码 T_2	1	2	3	4	5
分度角	2°	4°	6°	8°	10°
转速范围 /（r/min）	2 ~ 400	3 ~ 800	4 ~ 1 200	6 ~ 1 600	7 ~ 2 000

④ 打印。按 PRINT 键。

2. 测量理论运动线图

（1）测绘出曲柄滑块机构和曲柄导杆机构的简图尺寸。

（2）启动 ADAMS/View。

（3）创建一个新的 model，设置 units 和 Gravity。

（4）从 Main Toolbox 中选取几何模型工具创建曲柄滑块中的各构件。

（5）给各构件间添加运动副。

（6）设置曲柄的初始速度。

（7）创建对滑块的位移、速度、加速度的测量。

（8）创建对曲柄的角速度、角加速度的测量。

（9）设置 end time 和 step，进行模拟运动。

（10）进入 Plotting Window，找出所需的运动参数，绘出运动线图。

（11）打印。

同法可得到曲柄导杆机构的运动线图。

3. 填写实验报告（见附录）

第三章 机械的力分析和设计

实验 8 转子动平衡

一、实验目的

了解硬支承动平衡机的工作原理和动平衡的基本实验方法。

二、实验内容

对一个原来不平衡的转子进行动平衡。

三、实验设备及材料

1. 设备与材料

(1) YWD-160/2A 硬支承动平衡机。

(2) 实验用转子、天平、橡皮泥。

2. 动平衡实验机简介

(1) 主要技术规格（见表 3.1）。

表 3.1 平衡实验机的主要技术规格

项目	规格
工作物质量范围	6 ~ 160 kg
工件最大直径	1 000 mm
圈带处的工件直径	20 ~ 400 mm
工件轴颈范围	10 ~ 120 mm
两摆架间距离	80 ~ 120 mm
中间有传动架时支承的最小距离	120 mm
平衡转速范围	高速 1 100 ~ 2 200 r/min
	中速 600 ~ 1 000 r/min
	低速 300 ~ 500 r/min
电动机功率	1.5 kW，1 400 r/min

（2）主要技术指标。

① 最小可达剩余不平衡量 emax（单位为 g · mm/kg，W 为工件质量）：

高速：10 /（0.5W）

中速：30 /（0.5W）

低速：300 /（0.5W）

当 emax 的量值小于 0.5 μ 时，最小检测量 emax 也只考核 0.5 μ。

② 不平衡量减少率 URR 不小于 85%。

四、实验原理

1. 机械部分（见图 3.1）

本机采用两种驱动方式：万向联轴器驱动和皮带驱动。电机转动时，通过联轴器或皮带拖动转子转动，由于转子存在不平衡量，使左右支架有摆动；通过杠杆放大器就可把振动信号输入传感器，从而把机械振动信号转换成电信号送入电测箱；同时，光电头瞄准转子轴颈上的“黑白环”，在转子旋转时即产生一个与工件转速同频率的基准信号而输入电测箱。

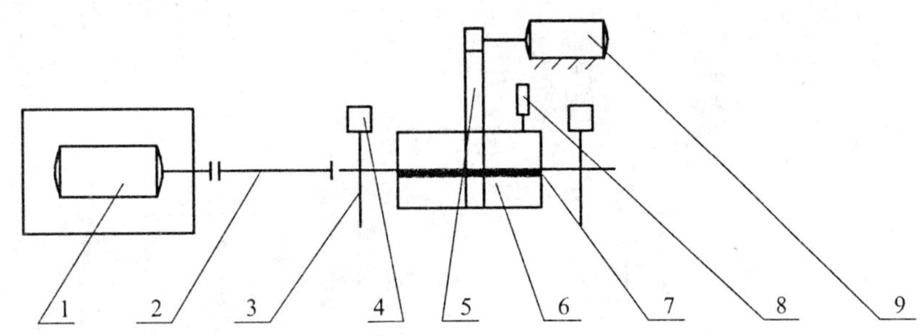

1—主传动箱电机；2—万向联轴器；3—支架；4—传感器；5—皮带；6—转子；7—黑白环；8—光电头；9—皮带传动电机

图 3.1　动平衡实验的机械部分

2. 电气部分（见图 3.2）

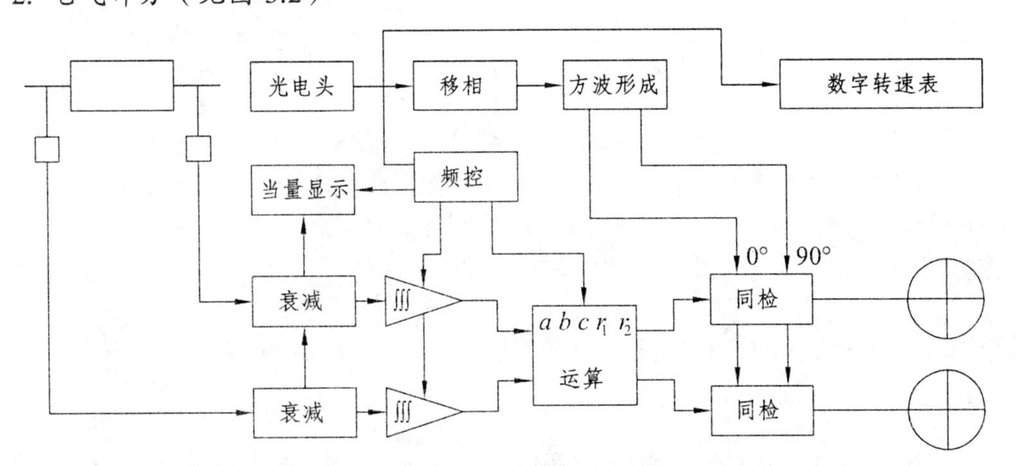

图 3.2　动平衡实验的电气部分

电气部分又可分为模拟信号处理电路板、数字测量控制电路板、光点矢量瓦特计 3 部分。

(1) 模拟信号处理板。

模拟板由输入积分、"a, b, c" 运算、同步检波和稳压电源等单元组成，实现对振动信号的滤波和解算功能，为光点瓦特计提供反映不平衡量大小和相位的信号。

(2) 数字测量控制电路板。

数字板由基准正交方波形成电路、基准信号移相电路、灵敏度当量显示电路，自动频率分档电路以及数字转速表等单元组成，完成对信号测量过程的控制任务。

(3) 光点矢量瓦特计作为不平衡量的矢量显示装置。

五、硬支承平衡机的平面分离

硬支承平衡机平面分离转换计算比较简单，它只和支承距离及转子上平衡面的所在位置有关，而与转子的质量及质量分布无关，从而使刚性转子的平衡工艺变得简单。在硬支承中，由于支架刚度足够大，因此由转子质量分布不均匀所产生的离心力，只能使支架产生极微小的振动。这时不平衡力就可以认为是静力。所以在求解支架振动系统的动平衡条件时，可应用静力学原理，可求出图示支承状态下的两个解，如图 3.3 所示。

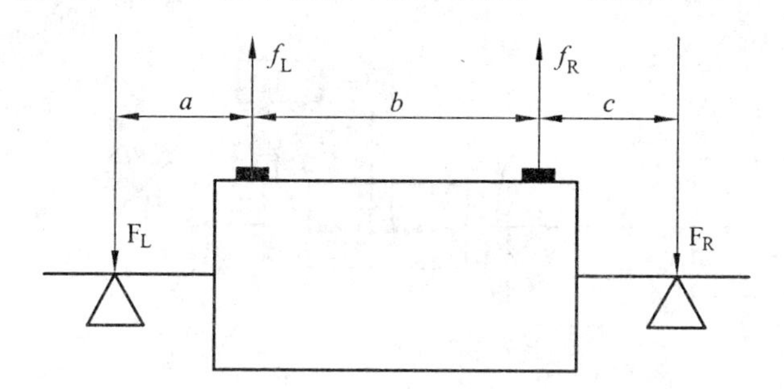

图 3.3　支承状态

硬支承平衡机的平面分离算式：

$$f_L = \left(1+\frac{a}{b}\right)F_L - \left(\frac{c}{b}\right)F_R$$

$$f_R = \left(1+\frac{C}{B}\right)f_R - \left(\frac{a}{b}\right)F_L$$

只要测得支承反力，不平衡量 f_L、f_R 可单独求出。而 $m_L=f_L/(\omega^2 r_1)$，$m_R=f_R/(\omega^2 r_2)$，由于输入积分电路已经消除了式中 ω 对信号的影响，则只需对"a, b, c" 电路输出的信号再分别除以 r_1 和 r_2 的运算，即可求出反映 m_L、m_R 的信号，从而实现对不平衡校正质量的直接显示和永久性定标。

六、控制面板说明（见图 3.4）

1. 电源开关

用来控制指示器电源通断，按下，则接通电源，再按，则又复位关断电源；接通电源后，瓦特计光点亮。

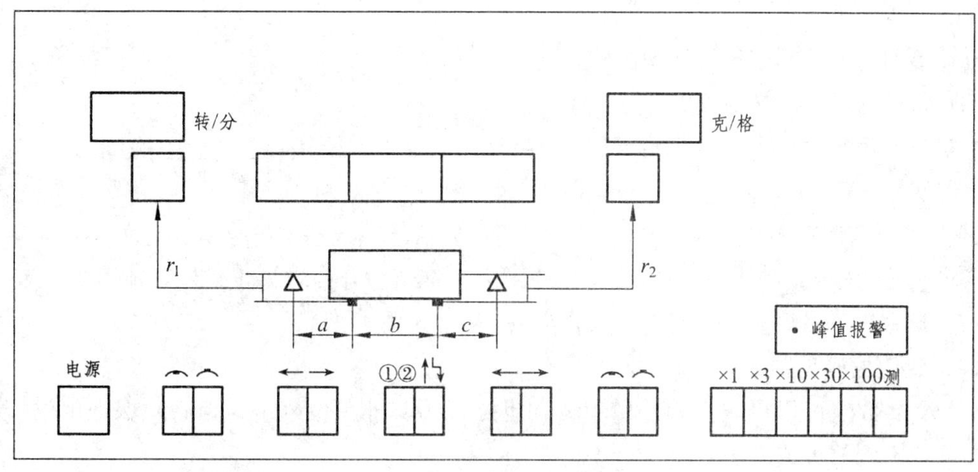

图 3.4　控制面板

2. 工作状态选择开关

它根据转子实际支承状态，在测量之前设置。

“→”键表示校正面在支点右侧；

“←”键表示校正面在支点左侧；

“①②”键表示指示器处于“①②”两校正面的解算状态；

“↑↓”键表示指示器处于静偶工作状态，左瓦特计显示工件的静不平衡，右瓦特计显示工件的偶不平衡。

3. 拔码盘

a 表示转子左校正面支承点间的距离，调节范围 0～999 mm；

b 表示转子左、右校正面间的距离，调节范围为 40～5 000 mm；

c 表示转子右校正面至右支承点间的距离，调节范围为 0～999 mm；

r_1 表示左校正面修正处的半径，调节范围为 30～999 mm；

r_2 表示右校正面修正处的半径，调节范围为 30～999 mm。

4. 轻、重相位开关

“⌒”按下该键时，瓦特计光点所示相位为缺重引起的不平衡；

“⌒”按下该键时，瓦特计光点所示相位为多重引起的不平衡。

5. 灵敏度开关

位于前面板右侧下方分为×1，×3，×10，×30，×100 五档，这五档表示衰减倍数，当信号较大使光点不在瓦特计表盘内时，需依实际情况按下此按键，直至光点回到表盘内为止。

6. 测量锁定开关

用于平衡测量，光点锁定。按下时为测量，光点松锁；再按后复位，光点锁定。

七、实验步骤

（1）接通电源，开启电源开关。

（2）将被测转子轻放在摇摆架上，套上皮带。

本实验所用电动机参数为：$n_1=1\,450$ r/min；皮带轮直径 $d_1=$__________mm；被测转子套装皮带处的直径 $d_2=$__________mm。

开机后光电管对准转子上黑白标志，数码管显示转速应基本符合其速比关系。如果数码管显示转速波动较大，应调节光电管与转子距离，直到符合要求为止，黑环前沿为零度。

（3）测量转子的几何尺寸，决定 a、b、c、r_1、r_2 值。

（4）数值拨码盘置数。

a、b、c 数值可以用毫米为计量单位，也可以用其他单位度量，但必须保证单位一致，三者亦可按比例放大或缩小。

① b 数值拨码盘的最低位为进位码盘，而左侧三位为正常使用的码盘，当最低位置“0”时，前面三位数表示的长度扩大 10 倍，最低位拨 1～9 时，前面三位数值为实际数值。

② b，r_1，r_2 均勿置为“0”数值，以免造成放大器饱和或损坏。

（5）左瓦特计显示左面不平衡的大小和相位，右瓦特计显示右面不平衡量的大小和相位，当衰减挡数不同时，数码管显示不同的每格不平衡量。

（6）按下“停”按钮，停机。

（7）分别在转子左右校正面上显示的位置加橡皮泥。

（8）试加后，进行一次复验，若瓦特计光点向圆心移动，说明不平衡量减少，应继续加橡皮泥，直至瓦特计光点趋于圆心，平衡即结束。

（9）在平衡过程中如发生相位变化，注意灵活应用向量加减原理，使加重尽可能减少。

（10）填写实验报告（见附录）。

实验 9　平面机构惯性力平衡设计

一、实验目的

（1）直观、感性地认识机构惯性力对机架的影响。

（2）掌握平面机构在机架上，惯性力平衡设计的基本原理和方法。

二、实验内容

本实验主要研究曲柄滑块机构的惯性力平衡问题。已知机构的运动学尺寸和各构件的质量和质心位置，利用机械系统动力学软件 MSC.ADAMS 2005 建立起相应的机构动力学模型，以完成下面的实验内容：

（1）利用计算机软件 MSC.ADAMS 2005 计算出曲柄和滑块作用在机架上的力。

（2）提出机构惯性力平衡的要求（完全平衡，或部分平衡），制定曲柄滑块机构惯性力平衡的设计方案。

（3）利用计算机软件 MSC.ADAMS 2005 计算出平衡后曲柄和滑块作用在机架上的力，并且与未平衡时的计算结果进行比较。

三、实验设备及材料

（1）预装机械系统动力学软件 MSC.ADAMS 2005 的计算机。

（2）平面机构惯性力平衡设计实验软件系统。

四、实验原理

（1）平面机构在机架上惯性力平衡设计的基本原理。

（2）机械系统动力学软件 MSC.ADAMS 2005 建立起相应的机构动力学模型。

五、实验步骤

（1）进入机构惯性力平衡设计实验系统的启动界面，如图 3.5 所示。

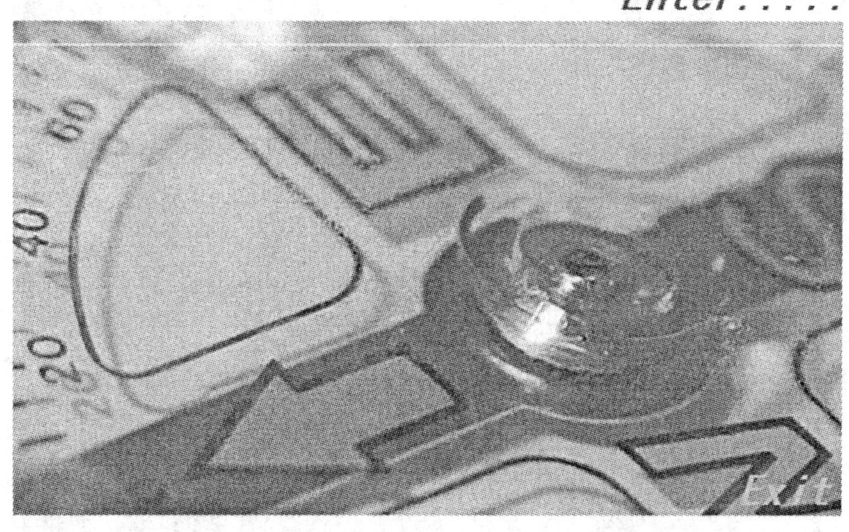

图 3.5　惯性力平衡设计实验系统启动界面

（2）点击 *Enter.....* 进入系统主界面，如图 3.5、图 3.6 所示。

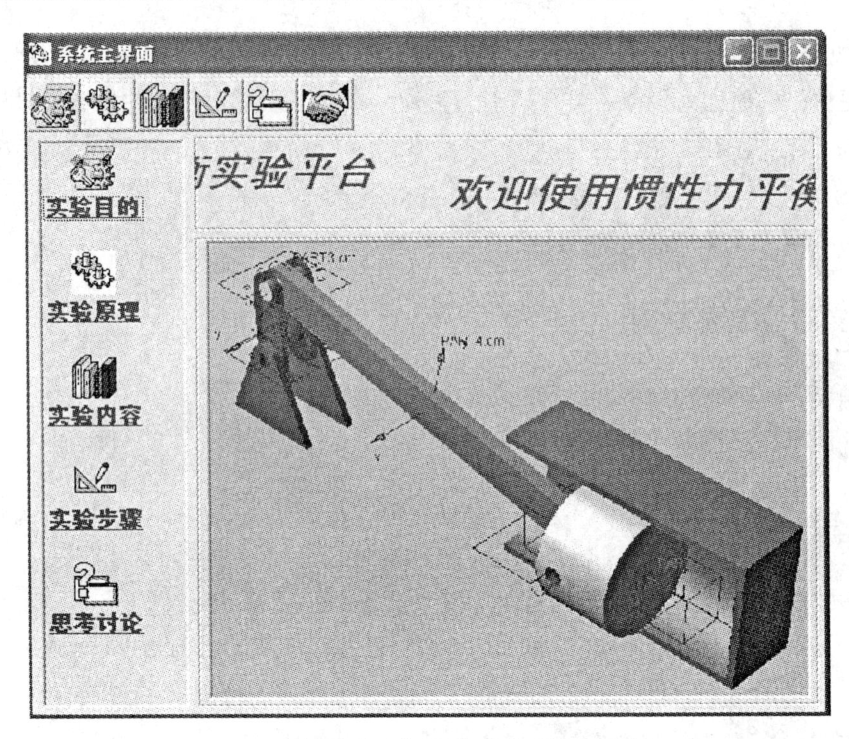

图 3.6 惯性力平衡设计实验系统主界面

（3）点击“实验内容”图标，进入图 3.7、图 3.8、图 3.9 所示界面。

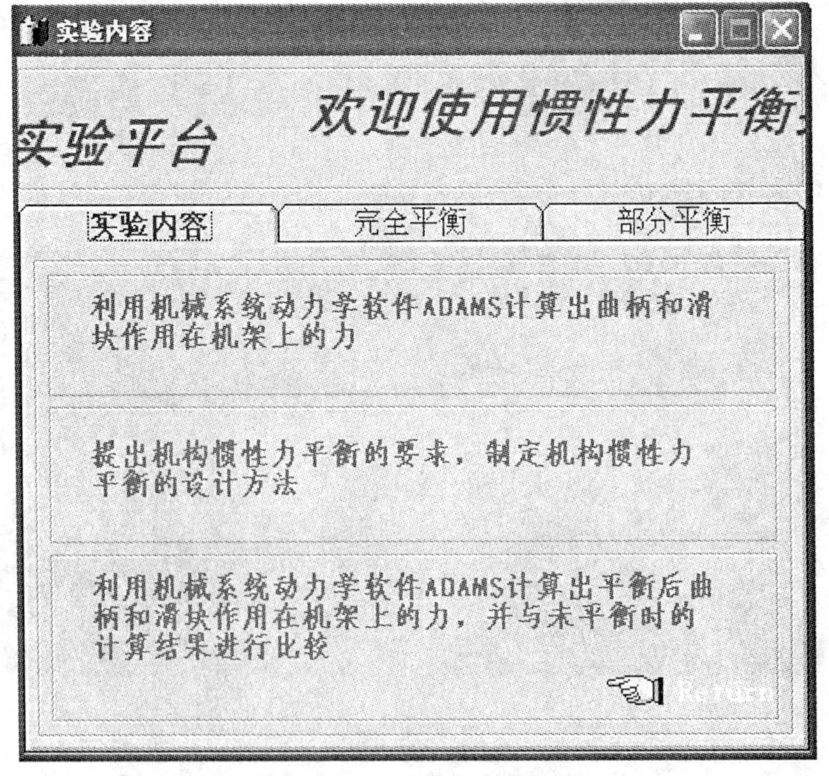

图 3.7 “实验内容”页面 1

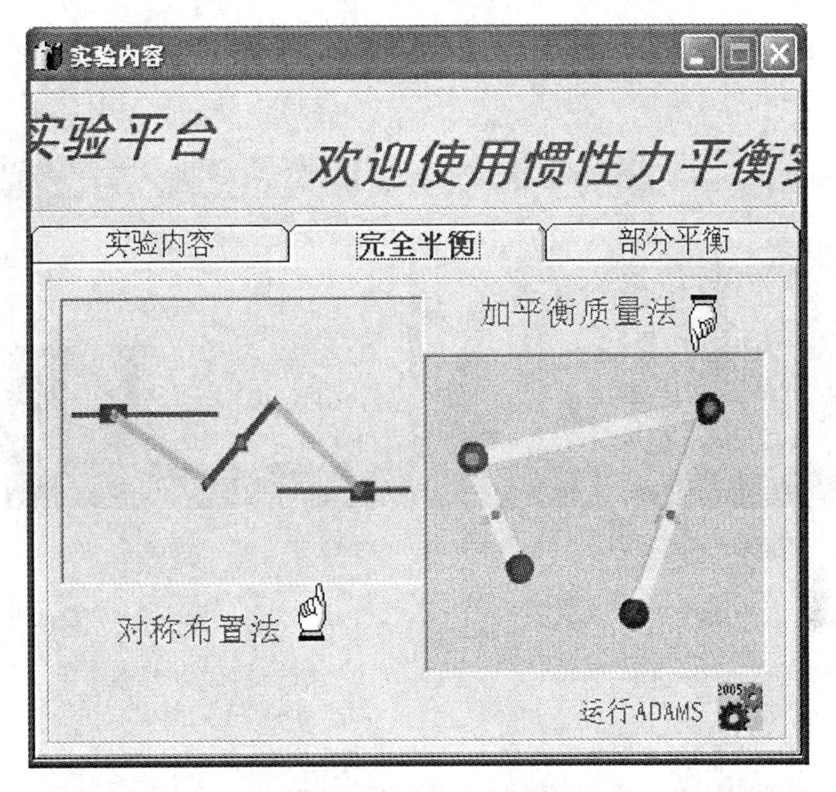

图 3.8 “实验内容”页面 2

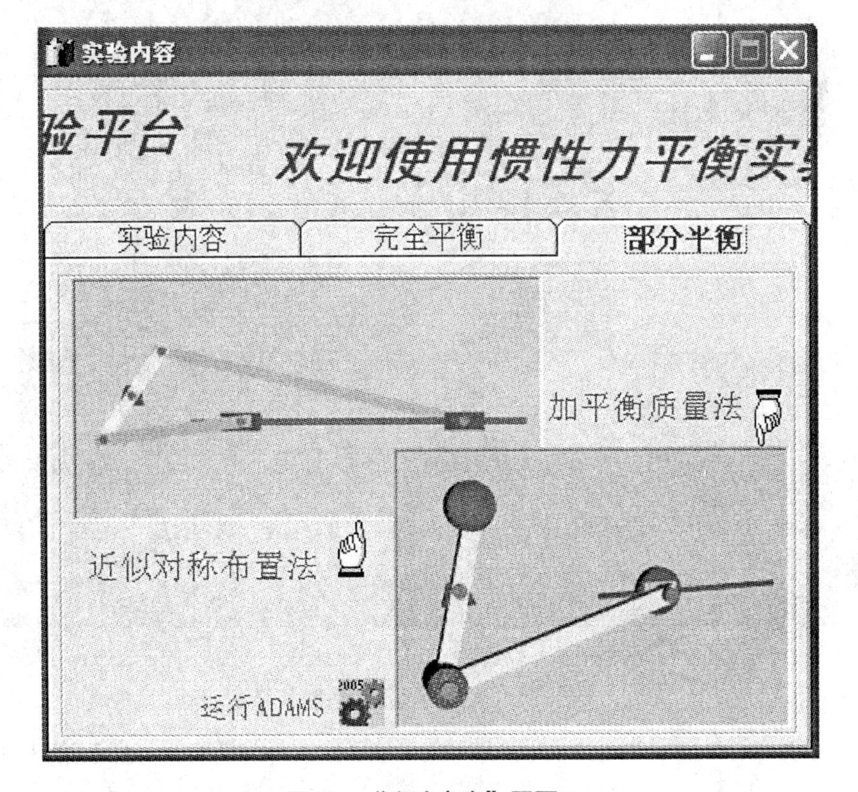

图 3.9 “实验内容”页面 3

（4）点击运行ADAMS 图标，进入 MSC.ADAMS 2005 定制好的曲柄滑块机构惯性力平衡模块，如图 3.10 所示，Menu 2006 是本实验的自定义菜单。

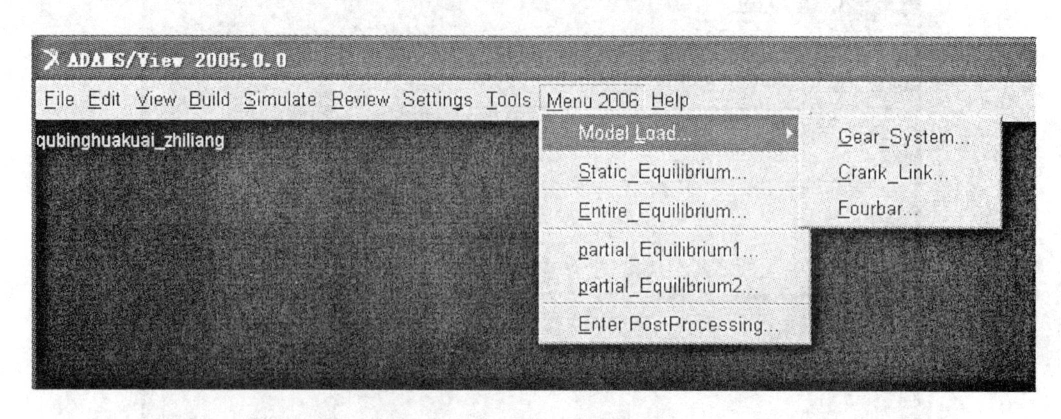

图 3.10 运行“ADAMS”

（5）点击 Menu 2006 菜单下“ Model Load... ”→“ Crank_Link... ”，载入曲柄滑块机构模型，然后点击“ Static_Equilibrium... ”，对未加以平衡的曲柄滑块机构进行仿真分析，如图 3.11 所示。

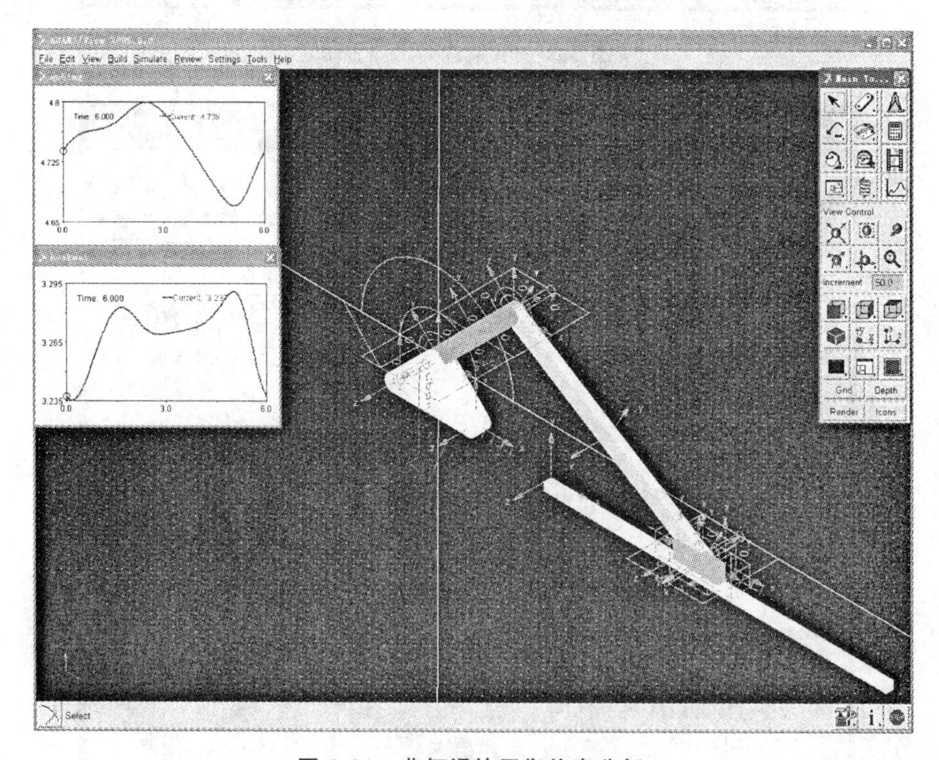

图 3.11 曲柄滑块平衡仿真分析

图中两曲线分别是曲柄和滑块作用在机架上力的变化情况（曲柄匀角速度转过一周）。为了分析在某一特定时刻力的大小，在曲线图上点击右键，弹出的快捷菜单如图 3.12 所示。

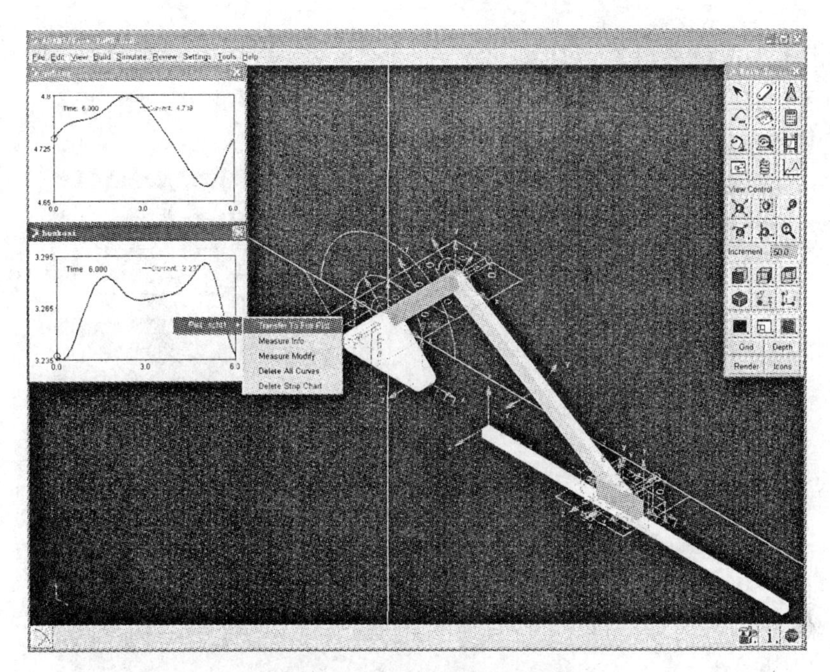

图 3.12　曲线图的快捷菜单

点击快捷菜单的第一项 Transfer To Full Plot ，进入图 3.13 所示的数据处理模块。

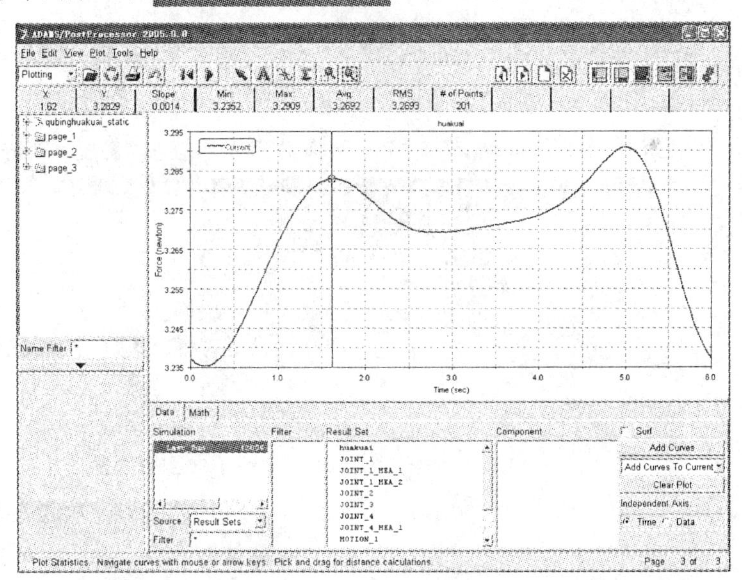

图 3.13　数据处理模块

点击工具条上的图标，拖动曲线图中的标尺，则可动态的看到力的大小，也可以读出力的最大值、最小值、变化幅度及平均值（见图 3.14)。同时，还可以点击打印图标，将曲线结果打印输出。

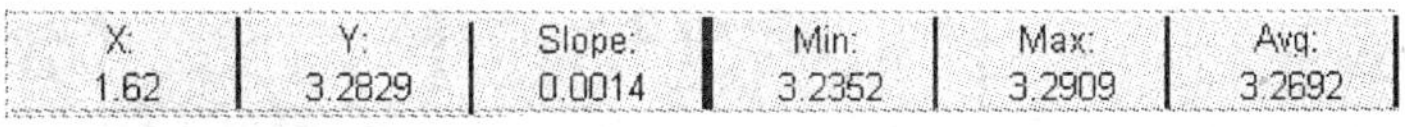

X:	Y:	Slope:	Min:	Max:	Avg:
1.62	3.2829	0.0014	3.2352	3.2909	3.2692

图 3.14　力的要素

(6) 点击图 3.10 的菜单项 Entire_Equilibrium... ，导入完全平衡后的曲柄滑块机构模型，如图 3.15 所示。其中，三曲线图分别表示曲柄及两滑块作用在机架上的力。

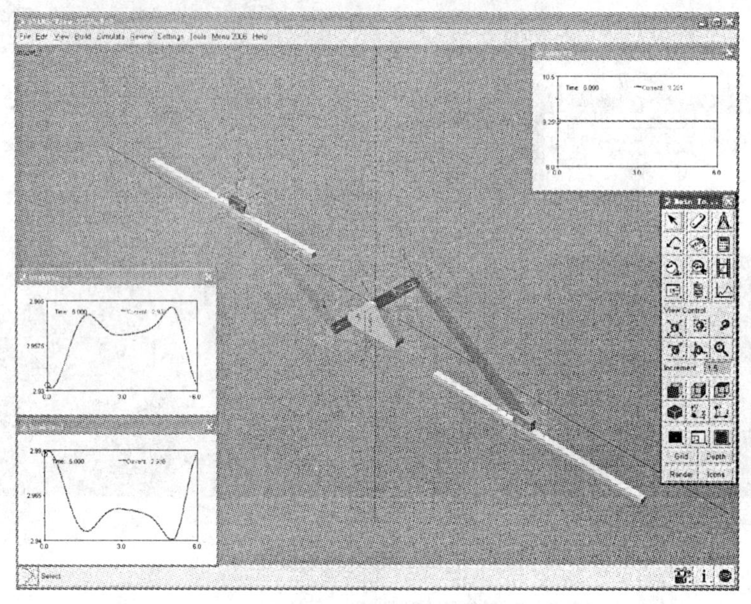

图 3.15　平衡后的模型

(7) 点击图 3.10 的菜单项 partial_Equilibrium1... ，导入部分平衡后的曲柄滑块机构模型 1，如图 3.16 所示。其中，三曲线分别代表曲柄及两滑块作用在机架上的力。

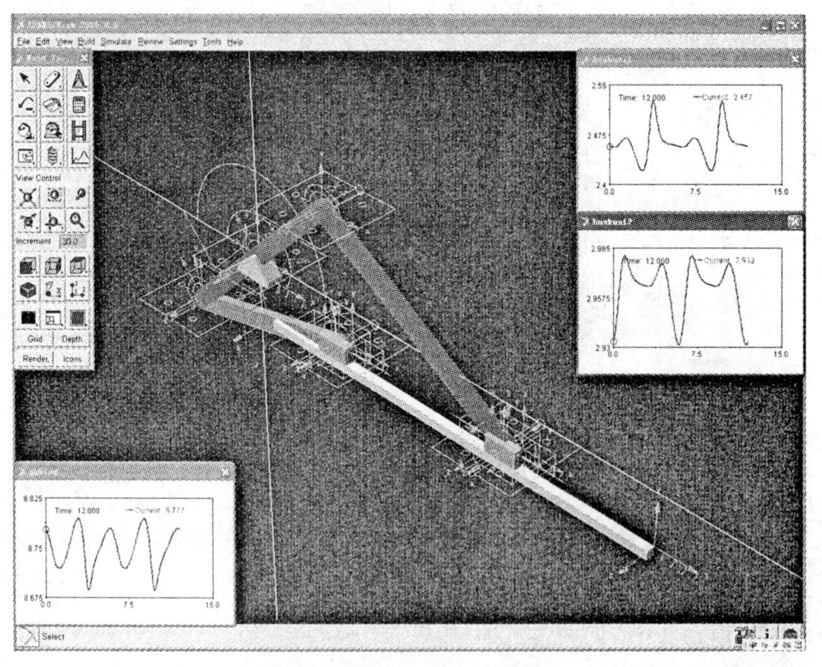

图 3.16　部分平衡后的模型 1

(8) 点击图 3.10 的菜单项 partial_Equilibrium2... ，导入部分平衡后的曲柄滑块机构模型 2，如图 3.17 所示。其中，两曲线分别代表曲柄及滑块作用在机架上的力。

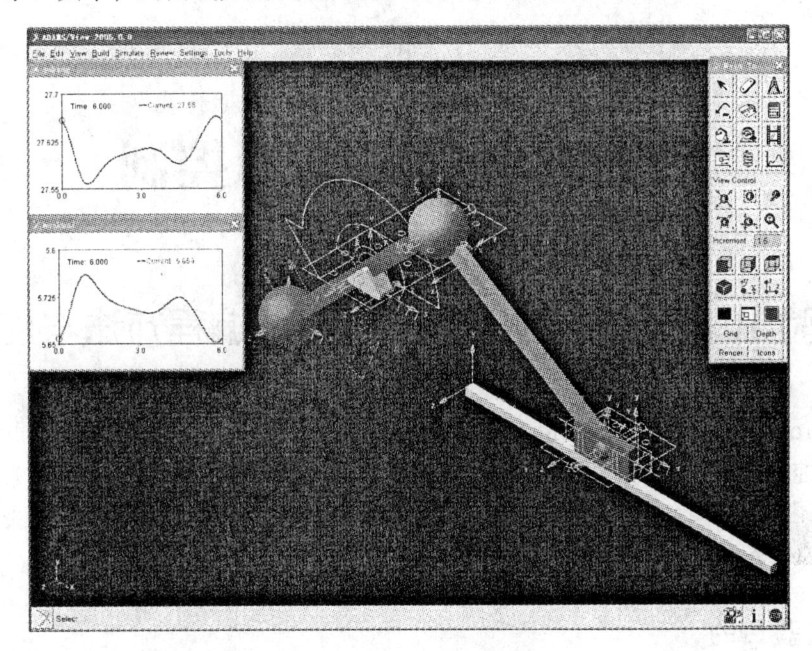

图 3.17　部分平衡后的模型 2

(9) 填写实验报告（见附录）。

第四章 机械运动控制

实验 10 可编程控制器的梯形图编程方法与应用

PLC（Programmable Logic Controller）是一种计算机化的自动控制装置，可用来实现对运动位置等的控制。其主要特点是可靠性好、适应性强、编程简单且易于掌握；控制系统的设计、安装、调试方便，维护工作量较小，体积小、能耗低，因此它成为现代工业控制的三大支柱（PLC、机器人、CAD/CAM）之一。

一、实验目的

（1）理解 PLC 的结构，掌握 PLC 的基本环节和正确的编程方法。
（2）研究 PLC 的梯形图分析方法。
（3）掌握 PLC 基本编程指令及梯形图的编程方法，了解 PLC 解决问题的全过程。

二、实验内容

应用 PLC 的基本编程指令及梯形图编程方法，模拟实现十字路口交通灯的控制。

三、实验设备及材料

计算机、DVP-16EH00T 和编程电缆。

四、实验原理

将计算机程序下载到可编程控制器，使控制电路的各个开关按照程序实现开启与关闭。

五、实验步骤

（1）安装 WPLSoft-2.08 软件到计算机。
（2） 连接方式如图 4.1 所示。

图 4.1 PLC 与计算机连接

（3）编程。

十字路口交通灯程序要求：

东西方向：红（Y0）、黄（Y1）、绿（Y2）

南北方向：红（Y3）、黄（Y4）、绿（Y5）

起始 Y0 和 Y5 同时点亮 50 s 后熄灭，此时 Y1 和 Y4 点亮，点亮 3 s 后熄灭 Y2 和 Y3 又点亮，Y2 和 Y3 点亮 90 s 后熄灭又重新开始循环动作。当紧急状态时外部 X0 点亮，此时 Y0 和 Y3 同时点亮，其余全部熄灭，当 X0 断开时又重新开始循环动作（见图 4.2）。

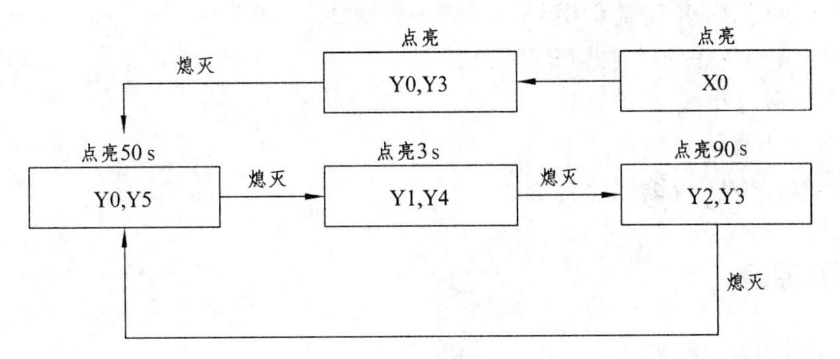

图 4.2　程序的逻辑示意图

（4）下载程序到 PLC。

（5）运行 PLC 并手动接通和断开 X0，观察 PLC 输出状态。

（6）填写实验报告（见附录）。

实验 11　交流伺服系统控制

伺服电动机在自动控制系统中作为执行元件，把输入的电压信号转变成转轴的角位移或角速度输出，通常作为随动系统等增量运动系统的主传动元件。

一、实验目的

（1）掌握交流伺服系统的调整方法与应用。

（2）掌握不同控制模式下的控制技术。

（3）掌握 PLC 的控制原理，能够编制控制程序。

（4）通过实验台掌握用 PLC 控制伺服电机系统，达到控制机械运动的目的。

二、实验内容

用伺服电机通过联轴器带动滚珠丝杆转动，从而使滑块移动。由 iofun 软件控制伺服电机运转和停止，用编码器进行电机位移信号反馈。程序使 PLC 通过通讯和发脉冲的方式控制伺服电机运转，在这两种方式下，分别用标尺测量出滑块移动的精确距离，再将之与理论上移动的距离进行比较。

三、实验设备和工具

(1) 计算机。
(2) PWS6600S-S 工业级触摸屏和编程软件。
(3) ASD-A0421LA 交流伺服驱动器。
(4) ASMT04L250AK 交流伺服马达（编码器为 2 500 线）。
(5) ASD-CARS0003 通信线（RS232）。
(6) ASD 伺服通讯线（RS485）。
(7) iofun 伺服参数调整软件。
(8) DVP-16EH00T 可编程控制器。

四、实验原理

1. 机械部分（见图 4.3）

此机构由伺服电机通过联轴器带动滚珠丝杆转动，从而使滑块移动；然后由标尺测量出移动的精确距离，便于和理论上移动的距离比较；编码器通过联轴器和伺服电机相连，进行电机位移信号反馈。

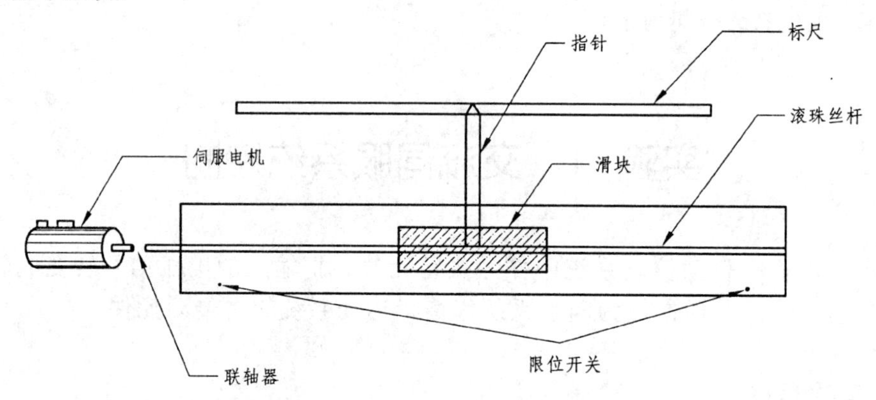

图 4.3 交流伺服系统的机械原理图

2. 电气部分（见图 4.4）

五、实验步骤

(1) 熟悉交流伺服机的各种控制模式和参数的意义。
(2) 熟悉 ASD-A 伺服驱动器面板的各种状态和各项操作。
(3) 脱开联轴器，在无负载情况下试运转电机。
(4) 由 iofun 软件控制伺服电机运转和停止，要求电机运转 10.1 圈后自动停止。
(5) 分别编程使 PLC 通过通讯和发脉冲的方式分别控制伺服电机运转，要求触摸屏能设定电机移动的距离、移动的速度，能显示伺服运转状态和停止状态，并具有点动和自动运行功能。

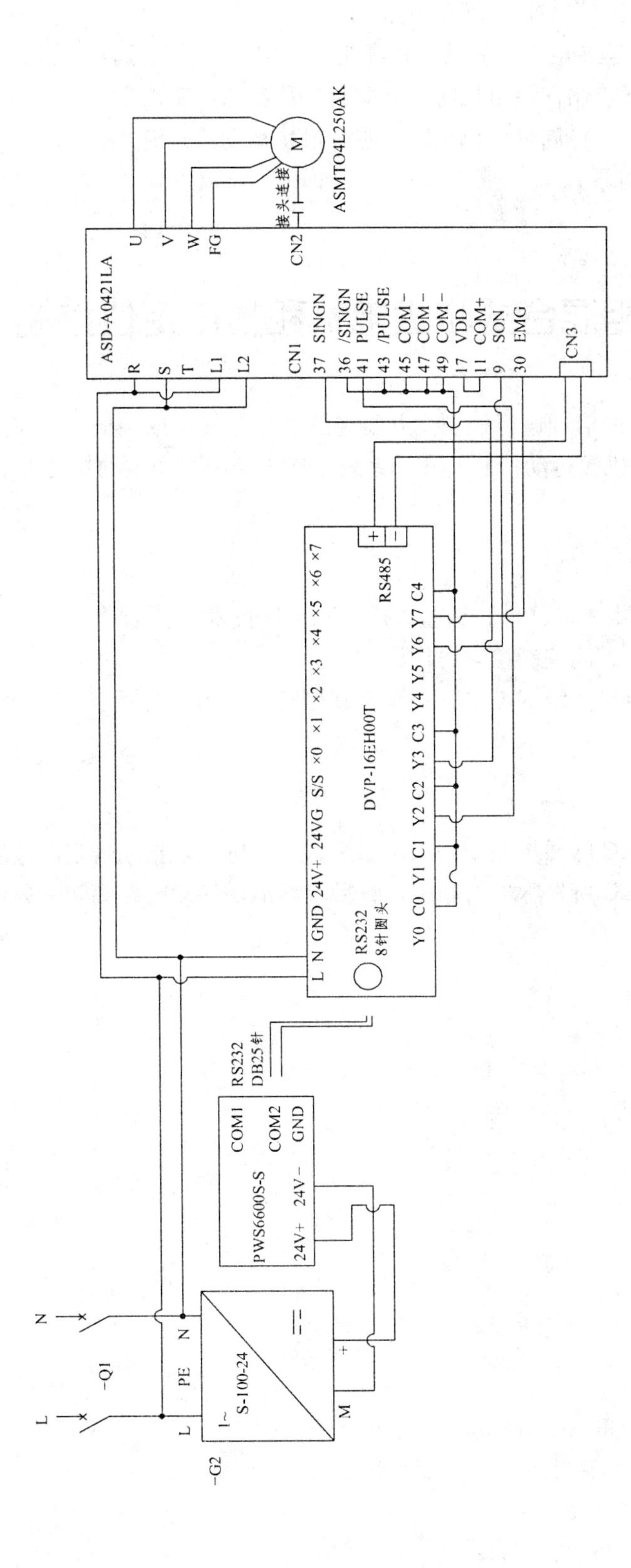

图 4.4　交流伺服系统的电气原理图

(6) 设置触摸屏通信协议，使之能和 PLC 通讯。
(7) 锁紧联轴器，点动试运转电机，确认电机在接触到限位开关能否停住。
(8) 在 PLC 通讯的方式下控制伺服电机时，观察滑块移动的距离。
(9) 在 PLC 发脉冲的方式下控制伺服电机时，观察滑块移动的距离。
(10) 填写实验报告（见附录）。

实验 12　两相混合式步进电机和精密定位控制

步进电动机是一种用电脉冲信号进行控制，并将电脉冲信号转换成相应的角位移或线位移的控制电动机，适合在数字机械运动控制的开环系统中作为控制驱动电动机之用。

一、实验目的

(1) 掌握两相混合式步进电机的特性、调整、应用和控制技术。
(2) 掌握 PLC 的控制原理，能编制控制程序。
(3) 掌握 PLC 控制步进电机系统的方法，达到能够控制机械运动的要求。

二、实验内容

编写程序，用编码器和 PLC 脉冲控制步进电机系统，使步进电机按照规定的速度、预定的转数驱动控制对象。改变 PLC 所发脉冲的频率、数目观察滑块移动的距离和编码器所发脉冲数目。

三、实验设备及材料

(1) 计算机。
(2) DVP-16EH00T 台达 PLC。
(3) SMD2H44MA 步进电机驱动器。
(4) HK5776 步进电机。
(5) 手摇轮脉冲发生器。
(6) ES3-0CCN6941 编码器。
(7) 线性模组一套。

主要技术指标
(1) DVP-16EH00T 最高频率是 200 Hz。
(2) SMD2H44MA 步进电机驱动器可进行 200 细分。
(3) HK5776 步进电机步距角是 1.8°。
(4) 手摇轮脉冲发生器为 100 线编码器。

(5) ES3-0CCN6941 编码器分辨率为 360 线编码器。

(6) 丝杆导程为 5 mm。

四、实验原理

1. 机械部分（见图 4.5）

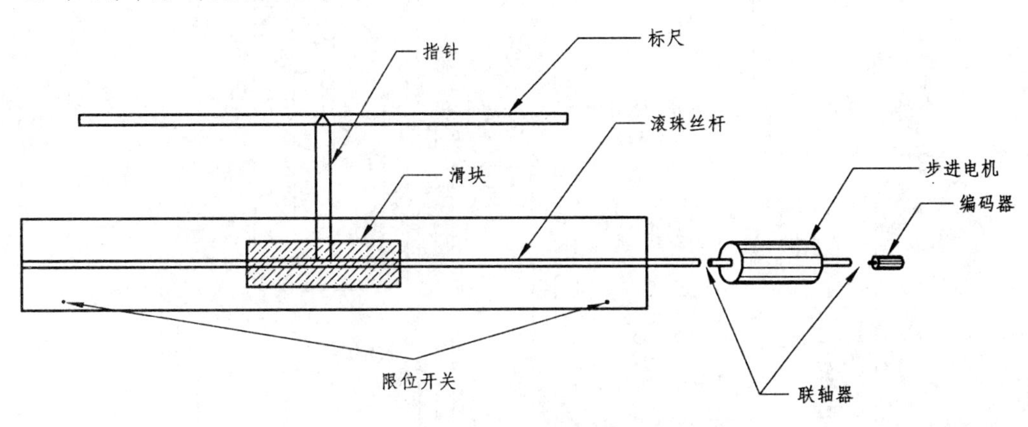

图 4.5　机械原理图

本机由步进电机通过联轴器带动滚珠丝杆转动，从而使滑块移动。由标尺测量出移动的精确距离，便于和理论上移动的距离比较，编码器通过联轴器和步进电机相连，进行步进电机位移信号反馈。

2. 电气部分

图 4.6 为控制系统的原理接线图。脉冲输出功能可实现速度及位置控制；手摇轮编码器接至 PLC 的输入接点 X0 和 X1，经 X0，X1 送至 PLC 内部的 HSC。HSC 计数手摇轮的脉冲数驱动 Y0 和 Y1，Y0 输出的脉冲作为步进电机的时钟脉冲，经驱动器产生节拍脉冲，控制步进电机运转；Y1 输出的高低电平控制步进电机的运转方向。X4 和 X5 接电机旋转所反馈回来的脉冲信号，从而实现精确的位置控制。Y4 和 Y5 分别控制步进电机的细分选择和电机释放。

五、实验步骤

(1) 编写程序，使手摇轮编码器转一圈步进电机也转一圈，同时使 PLC 接收旋转编码器的输入脉冲信号。

(2) 下载程序到 PLC，当运行此程序时即可使步进电机按照规定的速度、预定的转数驱动控制对象，使之达到预定位置后自动停止。

(3) 判断 PLC 接收到的脉冲信号数目和发出的脉冲信号数目是否符合下列公式：

步进电机转一圈应发脉冲数目 = 360/步距角 × 细分数

步进电机转一圈 PLC 应接受到的脉冲信号数目 = 编码器分辨率 × 圈数

(4) 步进电机转一圈使滑块移动，测出滑块移动的距离和理论上应该移动的距离是否一致：

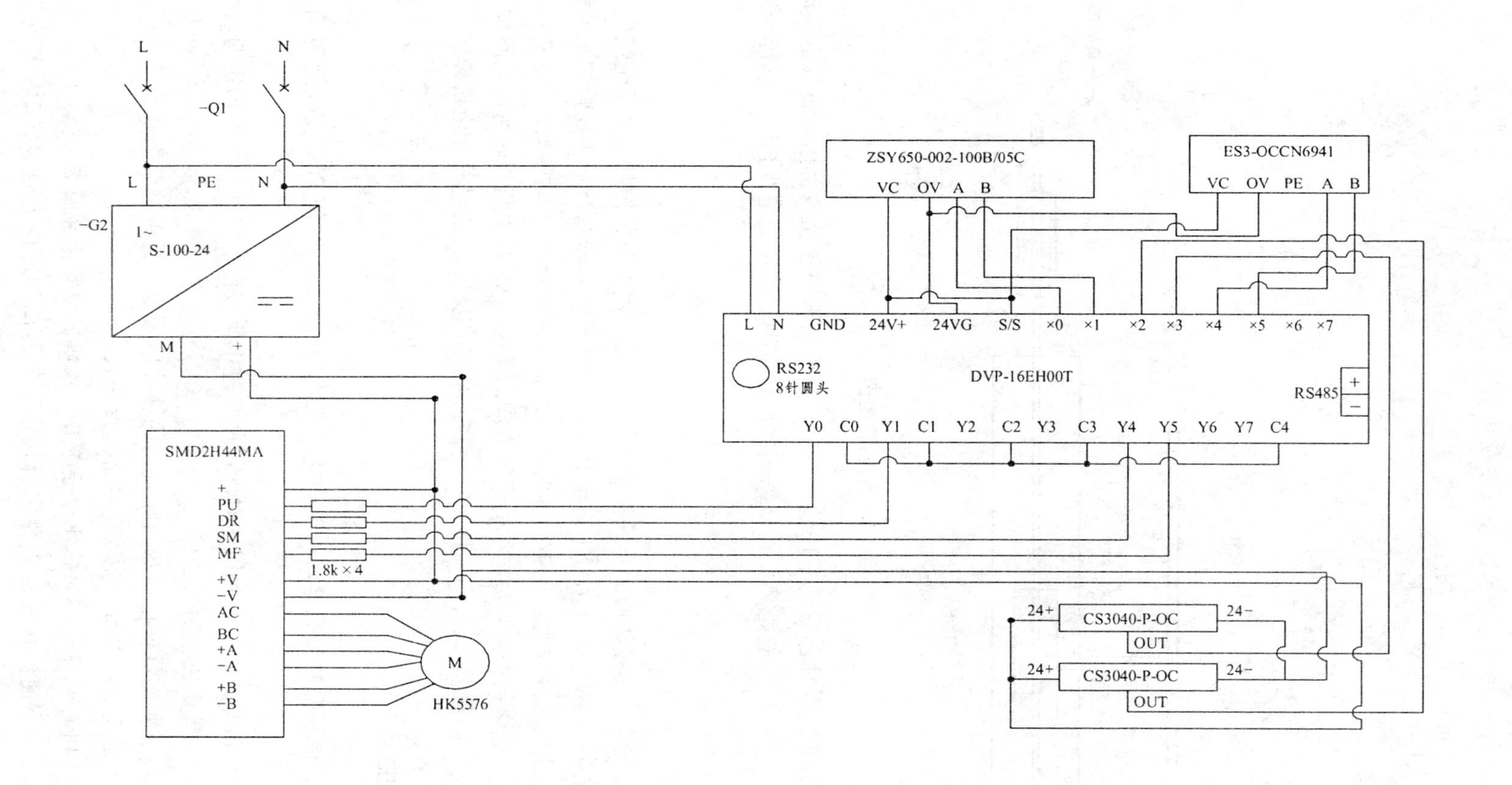
L
N
−Q1
L PE N
−G2
1~
S-100-24
M +
ZSY650-002-100B/05C
VC OV A B
ES3-OCCN6941
VC OV PE A B
L N GND 24V+ 24VG S/S ×0 ×1 ×2 ×3 ×4 ×5 ×6 ×7
RS232
8针圆头
DVP-16EH00T
RS485
Y0 C0 Y1 C1 Y2 C2 Y3 C3 Y4 Y5 Y6 Y7 C4
SMD2H44MA
+ PU DR SM MF +V −V AC BC +A −A +B −B
1.8k×4
M
HK5576
24+ CS3040-P-OC 24−
OUT
24+ CS3040-P-OC 24−
OUT

图 4.6 电气原理图

理论上滑块移动距离＝圈数×丝杆导长

实际上滑块移动距离＝|移动后指针的刻度－移动前指针的刻度|

(5) 在脉冲数目一定的情况下改变 PLC 所发的脉冲频率观察实验现象。

(6) 在脉冲频率一定的情况下改变 PLC 所发的脉冲数目观察实验现象。

(7) 填写实验报告（见附录）。

实验 13　机械系统速度波动的调节

一、实验目的

(1) 让学生深刻了解电机的机械特性。

(2) 掌握使用电子调节的方式调节机械系统速度波动的方法。

(3) 掌握交流伺服电机的工作原理，绘制电机的机械特性曲线。

二、实验内容

(1) 进行速度与负载的固有特性测试。

(2) 逐步减小（或提高）速度环增益的速度与负载测试。

(3) 绘制实验曲线，并与理论曲线进行比较。

三、实验设备及材料

(1) 计算机。

(2) 可编程控制器（DVP20EH00T）。

(3) 人机界面（PWS6600S-S）。

(4) 伺服驱动器（ASD-A0421A）。

(5) 伺服马达（ASMT04L250）。

(6) 磁粉制动器（FZJ-1）。

(7) 手动控制器（WLY-1A）。

(8) 扭矩测试仪（NC-3）。

(9) 扭矩传感器（NJ05）。

(10) 开关电源（S-50-24）。

(11) 导线若干。

四、实验原理

本系统通过 PID 闭环控制方式达到使系统以恒定速度运转的要求。

1. 实验的系统结构（见图 4.7）

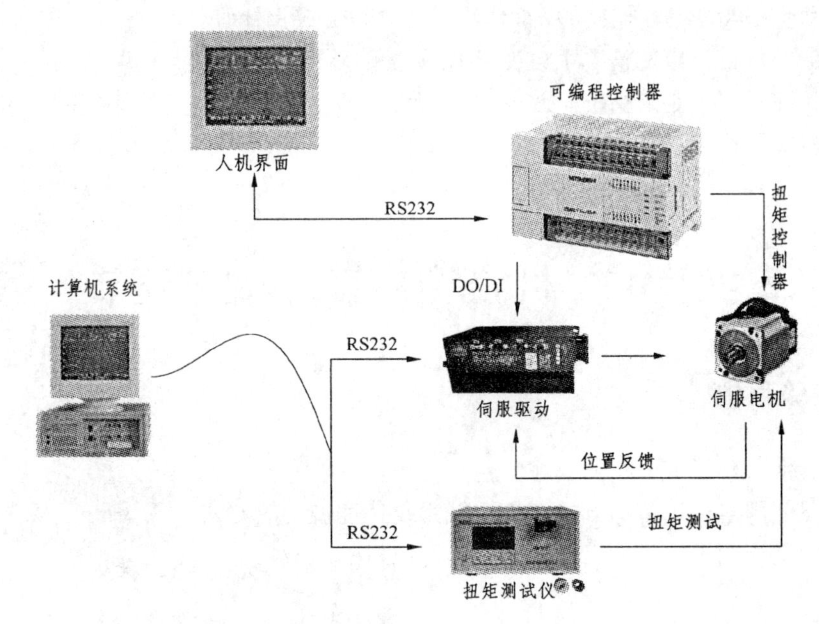

图 4.7 机械系统速度波动调节实验系统

2. 系统的机械结构（见图 4.8）

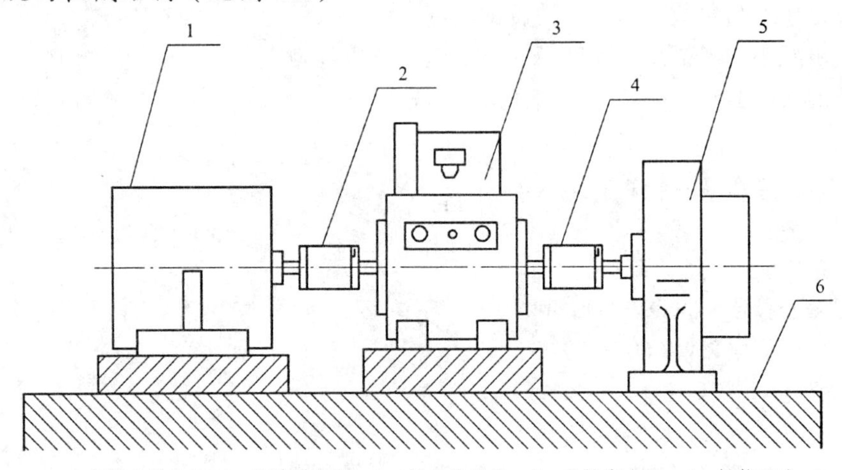

1—伺服电机；2、4—绕性联轴器；3—扭矩传感器；5—磁粉离合器；6—机构平台

图 4.8 机械系统结构图

3. 交流异步电机和伺服电机的特性比较

三相交流异步电机的速度随负载的增加而逐渐下降，其定子三相对称绕组接通三相对称电源，流过三相对称电流，产生旋转磁通势 F_1 和旋转磁场，以同步转速 n_0 切割定，转子绕组，分别产生感应电动势 $\dot{E}_{1A},\dot{E}_{1B},\dot{E}_{1C}$；转子绕组是闭合的，因而产生三相对称电流 $\dot{I}_{2a},\dot{I}_{2b},\dot{I}_{2c}$，转子载流导体在磁场当中受到电磁力作用，使转子朝着旋转磁场的方向以转速 n（$n<n_0$）旋转。空载时，电磁转矩仅需克服摩擦和风阻的阻转矩，此时，$n_0 \approx n\,\dot{E}_{2s} \approx 0, \dot{I}_2 \approx 0$，电机的磁通势 $F_{mo}=F_{10}$，异步电机负载时，转速下降，$n<n_0$，其机械特性如图 4.9 所示。

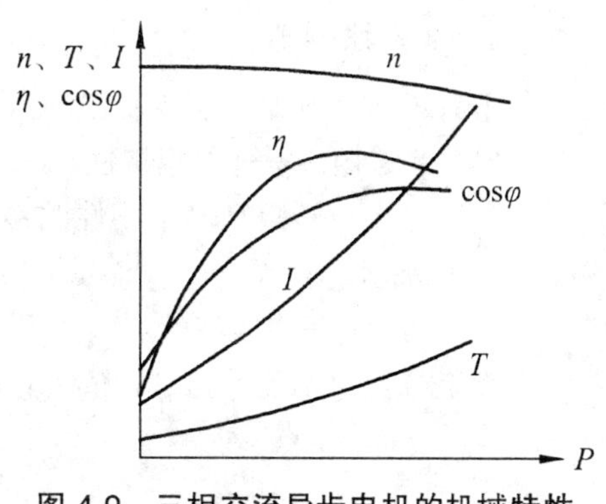

图 4.9　三相交流异步电机的机械特性

因为 $n=(1-S)n_0$，电动机空载时，转速 n 接近同步转速 n_0，S 很小，随着负载的增加，转速 n 略有下降，S 略微上升，使转子电动势 $E_{2S}=SE_2$ 增大，转子电流 I_{2s} 增大，以产生更大的电磁转矩与负载转矩相平衡，所以，随着输出功率的增大，转速特性是一条稍微下降的曲线。

伺服电机是一个典型的闭环反馈系统，其内部的转子是永磁铁，驱动器控制的 U/V/W 三相电形成电磁场，转子在此磁场的作用下转动；同时电机自带的编码器反馈信号给驱动器，驱动器根据反馈值与目标值进行比较，进而调整转子转动的角度。伺服系统在自动控制系统中用作执行元件，把所收到的电信号转换成电动机轴上的角位移或角速度输出，其基本控制架构如图 4.10 所示。

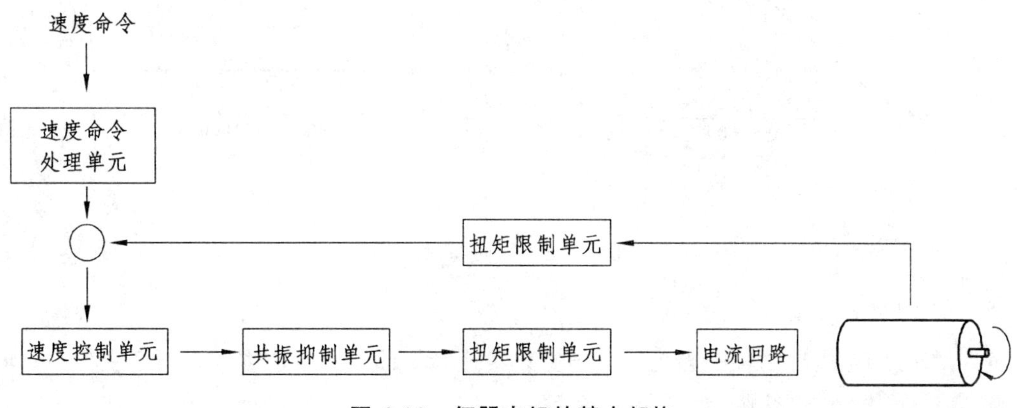

图 4.10　伺服电机的基本架构

伺服系统有 3 种工作方式：速度、位置和扭矩模式（本实验使用速度环控制）。伺服电机接受速度指令，速度指令信号与速度反馈信号比较后的偏差信号，经速度环比例积分控制器调节后产生电流指令信号，在电流环中经矢量变换后，由 SPWM 输出转矩电流；所以，在电机负载变化的情况下，通过调整速度环增益，可以使交流伺服电机的运行平稳，其速度特性如图 4.11 所示。

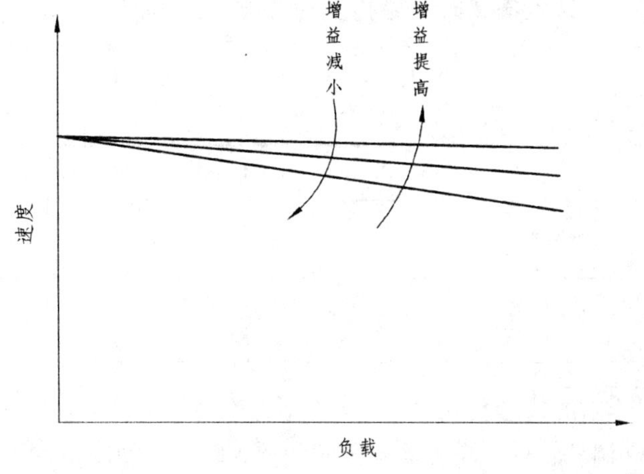

图 4.11　速度环增益调节曲线

4. 磁粉控制器

本系统通过改变磁粉控制器的激磁电流，从而改变伺服电机的负载大小。

(1) 激磁电流——力矩特性。

激磁电流与转矩基本呈线性关系，通过调节激磁电流可以控制力矩的大小，其特性如图4.12 (a) 所示。

(2) 转速——力矩特性。

力矩与转速无关，它是定值，且静力矩和动力矩没有差别，其特性如图 4.12 (b) 所示。

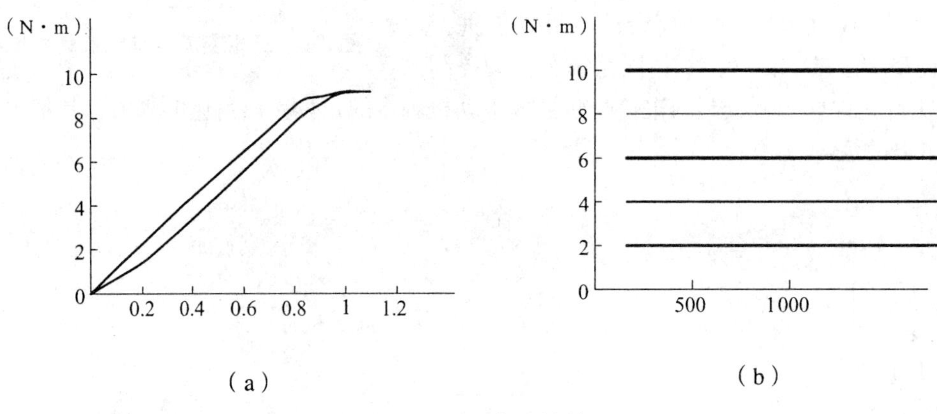

图 4.12 力矩特性图

5. NJ 型转矩传感器

它可以检测电机出力轴的力矩，其本身只传递转矩而不吸收功率，也不产生功率（其内部的功率消耗很小，可忽略）。

五、实验步骤

(1) 通过 SERVO 调试软件，设定伺服相应参数，使其工作在“零速度/内部速度”控制模式，相关参数为：P1-01、P1-06、P1-09、P1-10、P1-11、P2-30。

(2) 将伺服设定在 ON 状态，改变磁粉制动器的励磁电流大小，即均匀改变负载，并将实验数据填入表 4.1 中。

表 4.1

次　数	1	2	3	4	5	6	7
转　速 (r/min)							
负　载 (N·m)							

(3) 将以上数据绘制成速度负载曲线，X 轴表示负载，Y 轴表示转速。

(4) 通过 SERVO 调试软件，改变伺服相应参数，即速度回路增益（比例 KVP/微分 KVF/积分 KVI)，观察伺服电机的工作特性，相关参数为：P2-07、P2-06、P2-04。

（5）逐步减小（或提高）速度环增益，相应的改变负载，将数据填入表 4.2 中。

表　4.2

项　目	次　数	1	2	3	4	5	6	7
增益 1	速度（r/min）							
	负载（N·m）							
增益 2	速度（r/min）							
	负载（N·m）							
增益 3	速度（r/min）							
	负载（N·m）							

（6）将以上 3 组数据绘制成速度负载曲线，*X* 轴表示负载，*Y* 轴表示转速。

（7）对比两组曲线，比较电机的工作特性，分析利用电子 PID 调节的方式对电机负载特性的影响。

（8）填写实验报告（见附录）。

实验 14　三自由度冗余并联机器人运动规划

一、实验目的

（1）对现代机械有比较深刻的感性认识。

（2）了解机器人研究的基本问题。

（3）掌握机器人运动规划的基本方法。

（4）掌握机器人编程控制的原理与方法。

二、实验内容

（1）了解三自由度冗余并联机器人基本构成。

（2）了解三自由度冗余并联机器人的控制原理与运动原理。

（3）掌握机器人运动的基本技能。

① 利用三自由度冗余并联机器人完成一个比较简单的运动（如画圆、三角形等）。

② 利用三自由度冗余并联机器人完成比较复杂的运动。

三、实验设备及材料

（1）三自由度冗余并联机器人（GPM2012）。

(2) 计算机。

四、实验系统构成

如图 4.13 所示，本实验系统由以下设备组成:

1. 并联机构本体部分

(1) 机械平台（530 mm×600 mm×70 mm）。

(2) 并联机构臂（244×244）×3。

2. 控制系统部分

GPM 系列并联机构控制系统主要由普通 PC 机、电控箱、固高运动控制卡、伺服电机及相关软件组成。伺服电机及编码器采用三洋 P50B05020DXN2B 交流伺服电机和 ABS-RⅡ绝对型编码器；绝对编码器电源（位于面板底下 3 节 3.6 V 锂电池）。

电控箱包含三洋 PY2A015H2M66S00 交流伺服驱动器、24 V 直流电源、断路器、接触器、绝对信号处理转换板和按钮开关等。

系统的安装见《GPM 系列并联机构使用说明书》。

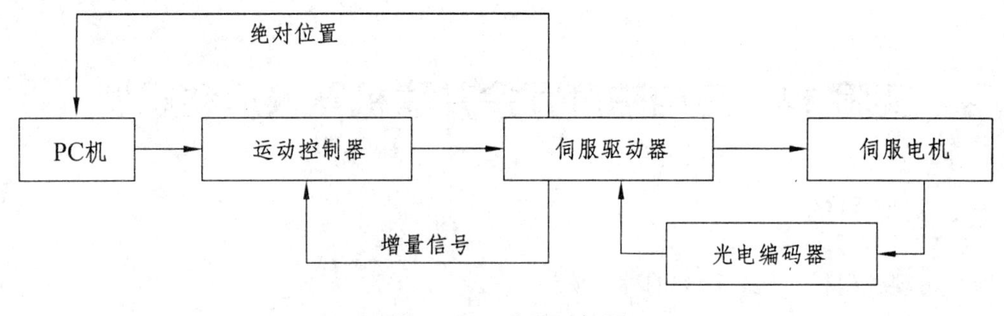

图 4.13 工作原理框图

五、实验原理

1. 工作原理

PC 机通过主机通讯接口向运动控制器发出运动控制指令，并通过该接口获取运动控制器的当前状态和相关控制参数。运动控制器完成实时轨迹规划、输出控制、主机命令处理和控制器 I/O 管理。运动控制器通过三路输出接口控制电机实现主机要求的运动，从而实现三个轴的各种运动，其原理如图 4.13 所示。

绝对型编码器 ABS-RⅡ反馈信号通过伺服驱动器变换成绝对信号及增量信号，绝对信号通过一个信号处理电路利用 RS-232 串口送至主 PC 机，使 PC 机读取绝对位置，增量信号送至运动控制卡读取增量位置。

笔架部分可以根据需要换成电磁铁，该部分由气缸来驱动。气缸和电磁铁的动作由 GT400-SV-PCI 的 I/O 来控制。

2. 电气控制原理（见图 4.14）

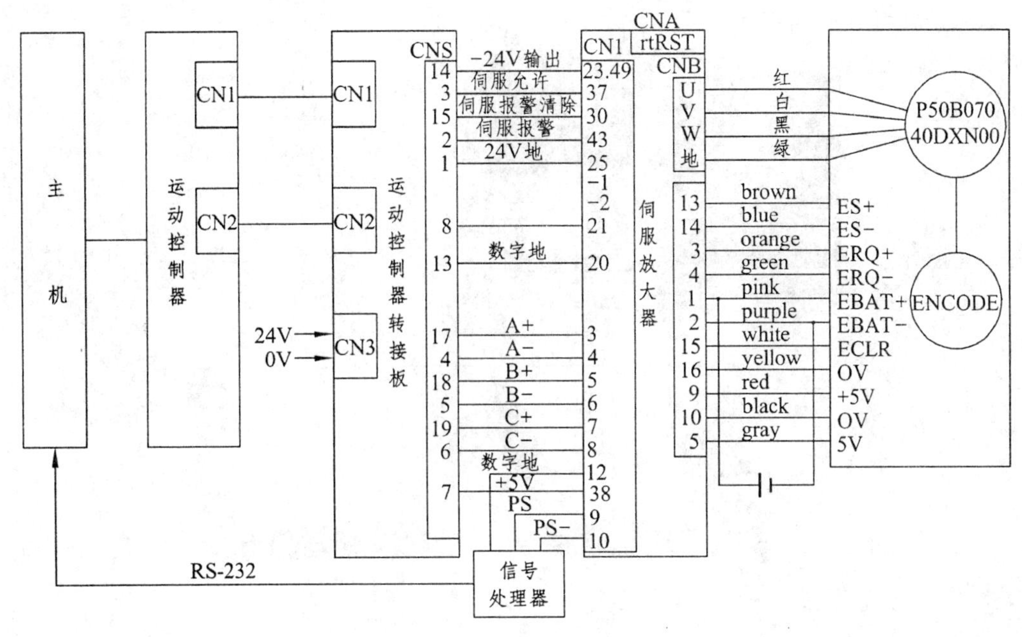

图 4.14　控制原理图

六、实验步骤

1. 了解机器人的分类和本实验主要研究的问题

（1）从应用环境出发，机器人可分为工业机器人和特种机器人两大类。所谓工业机器人就是面向工业领域的多关节机械手或多自由度机器人，而特种机器人则是除工业机器人之外的、用于非制造业的各种先进机器人（包括服务机器人、水下机器人、娱乐机器人、军用机器人、农业机器人、机器人化机器等）。在特种机器人中，有些分支发展很快，甚至有自成体系的趋势，如服务机器人、水下机器人、军用机器人、微操作机器人等。

现代所说的机器人多指工业机器人，大都是由基座、腰部（肩部）、大臂、小臂、腕部和手部构成，大臂小臂以串联形式联接，因而也称为串联机器人，目前关于机器人的研究大部分集中于这一领域。就在关于串联机器人的研究蓬勃发展的时候，出现了又一类全新的机器人——并联机器人。它作为串联式机器人强有力的补充，扩大了机器人的应用范围，引起了机器人学理论界和工程界的广泛关注。并联机器人与串联机器相比有以下特点：① 与串联机构相比，刚度大，结构稳定；② 承载能力强；③ 精度高；④ 运动惯性小；⑤ 在位置求解上，串联机构正解容易，逆解困难，而并联机器人正解困难、反解容易。本实验所用 GPM 并联机构的正向运动学与逆向运动学求解见“八、GPM 并联机构运动学*”。

（2）本实验的研究对象是并联机器人，研究的问题有：① 通过编程研究机器人的正向运动学与逆向运动学；② 通过运动简图几何分析法研究机器人的奇异点位置；③ 运用几何法与解析法研究机器人的工作空间。

2. 了解三自由度冗余并联机器人的基本构成与控制原理

本实验的设备是三自由度冗余并联机器人（见图 4.15）。它由三轴来控制画笔的运动，三个手臂的组成相同，由两个杆件铰链连接而成，每杆长度均为 244 mm。系统特点及技术参数见“八、GPM 并联机构运动学*”。

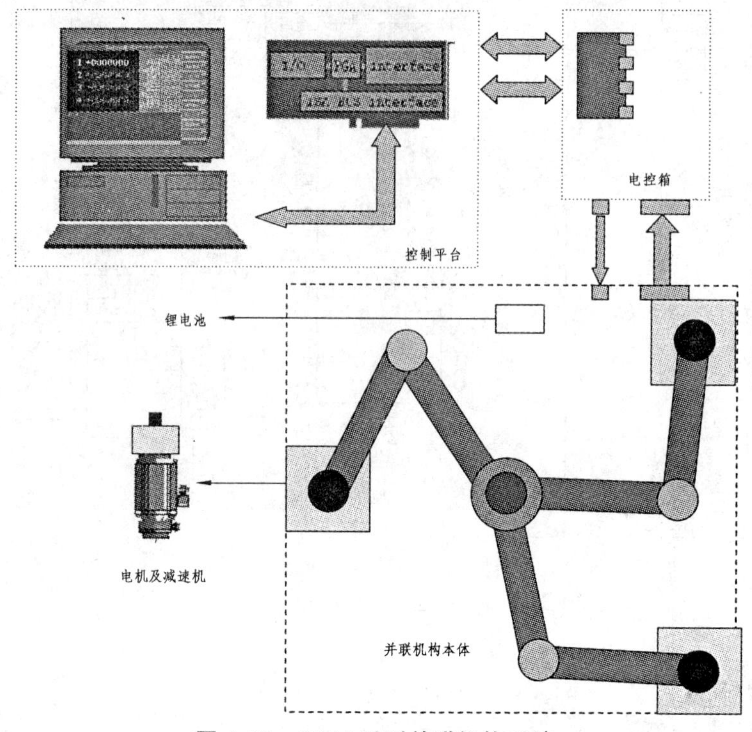

图 4.15 GPM 系列并联机构系统

3. 实现机器人技能的操作步骤

(1) 打开计算机，拆开控制箱，将控制卡 GT-400-SV 插入指定位置（其操作与安装见光盘说明或《GT 系列运动控制器用户手册》及《编程手册》）。

(2) 关掉所有电源，按照《GPM 系列并联机构使用说明书》的要求将并联机构主体、控制箱及计算机用数据线连接起来，仔细检查以确保接线正确，注意仔细阅读后面的“注意事项”与“说明”。

(3) 安装与接线完成以后，打开计算机，找到\GPM2012\PMVP\DEMO\SETUP 下的安装程序进行模拟与控制的 VB 安装，并记下安装路径。在本实验中，以上步骤均已完成，控制程序安装在D:\GPM2012\文件夹下，实验人员只需打开此文件下的 GPM_PCI（有两个文件，一个为源代码文件，一个为可执行文件，只需打开执行文件就可以进行实验），在没有指导老师的允许下，禁止改变接线与文件位置或修改源代码。

(4) 闭合控制箱背面的断路器，按下面板上绿色的“运行按钮”，绿色指示灯亮；启动 GPM_PCI.exe 后（演示程序），出现如图 4.16 所示的界面（其中带框线的为加入的注释）。

运动原点 *C* 就是运动画笔的起点，其设定方法是：点击“Calibration”或按下“ALT＋B”，出现如图 4.17 所示的界面，再用手轻轻移动机械手臂到合适的位置［最好在运动空间的中心点（216.5，220）附近］，再点击“OK”就完成了标定［此实验示范中 *C* 的原点设在（216.5，250)］。

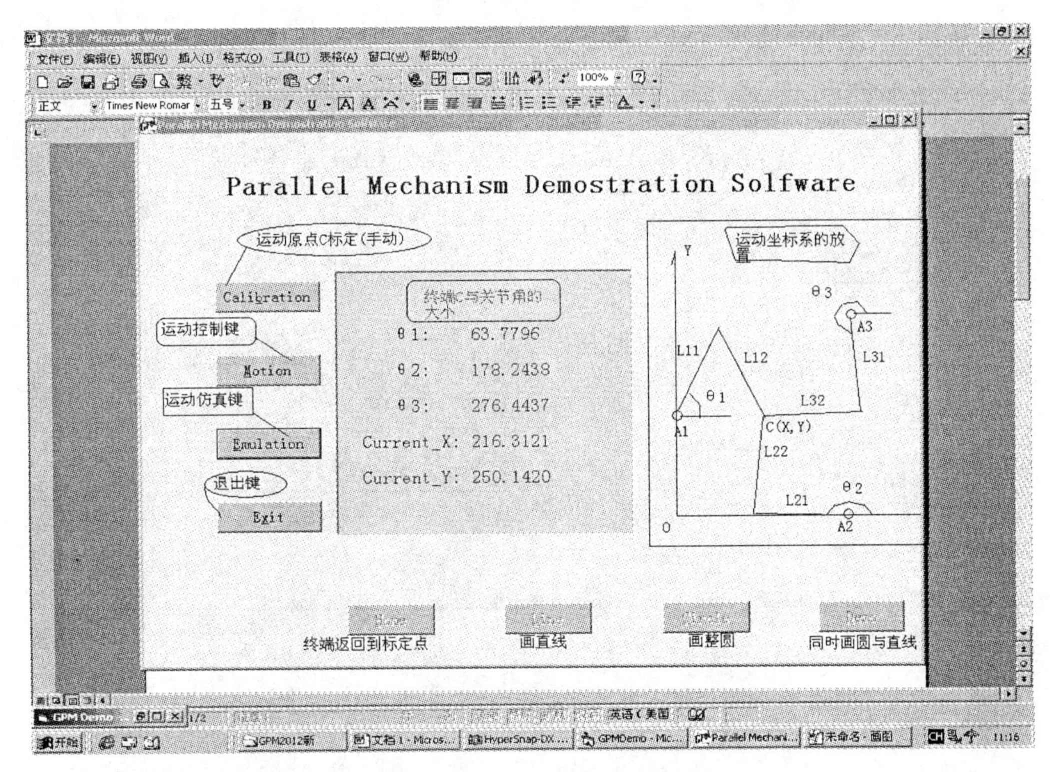

图 4.16　运行演示程序

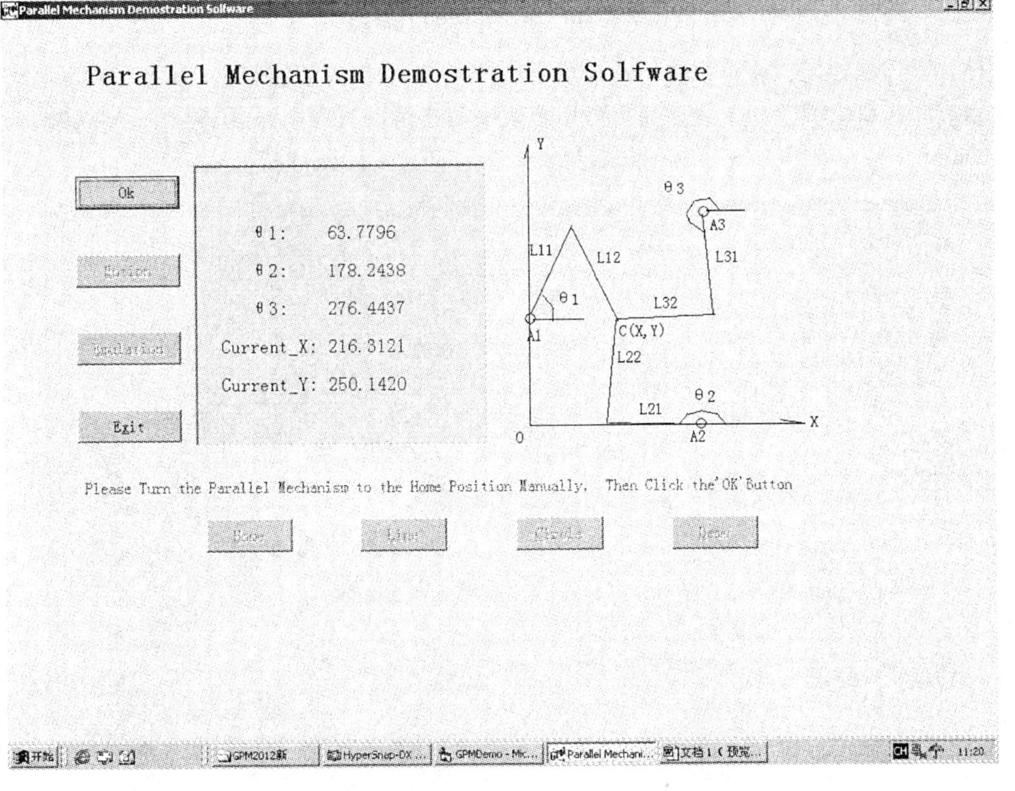

图 4.17　设定原点 C

设定完成后，点击“OK”出现如图 4.18 所示的界面，其中 C 为（216.5000，250.0000）。

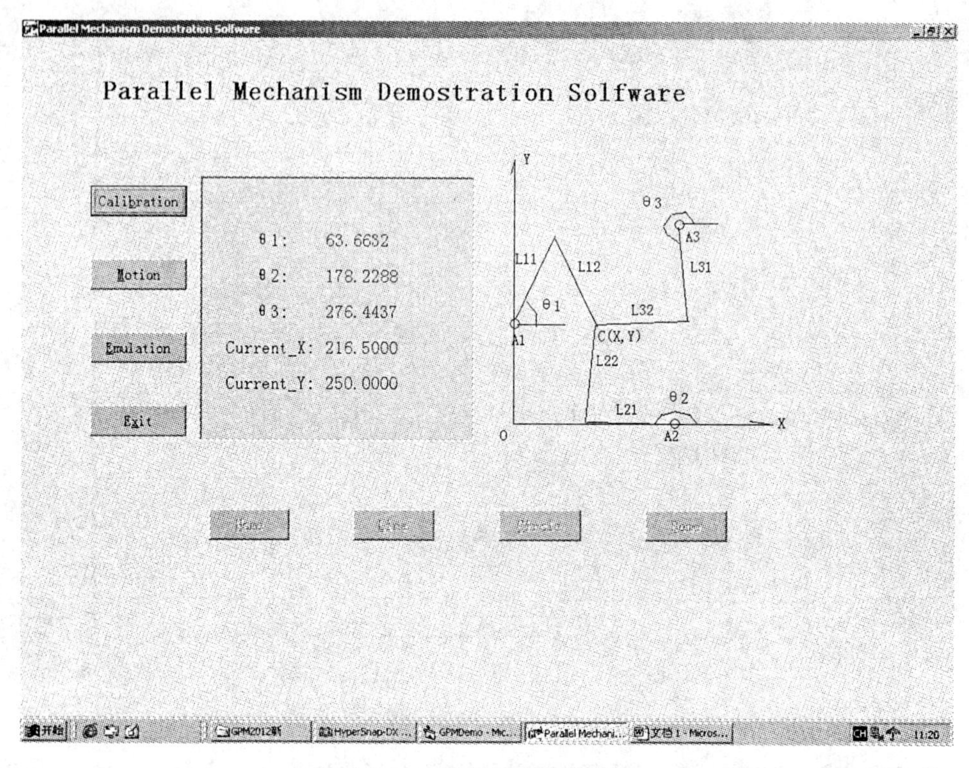

图 4.18 原点标定后的界面

（5）原点标定后，就可以进行运动仿真与控制了。进行运动仿真，有助于更清晰地了解三自由度冗余机构的运动方式，而且可以直观地看出运动方向、速度及整个运动过程。点击“Emulation”出现如图 4.19 所示的仿真界面，中间部分为绘图区域。

图 4.19 运动仿真界面

① 绘直线（见图 4.20）。

首先点击“Home”，使 C 点回到标定点（由于要计算与校核，运行较慢），完成以后再点“Line”，电脑开始动态仿真，但没有画出直线，是因为线的目标点与起点相重合了，将仿真界面中的 X 与 Y 的坐标值进行修改，如 (300，300)，就相当于直线命令 line (216.5 250，300 300)，此程序就是以 C 的当前点为起点，设定点为终点画直线，运动时间为 5 s（也可以自行设定）。

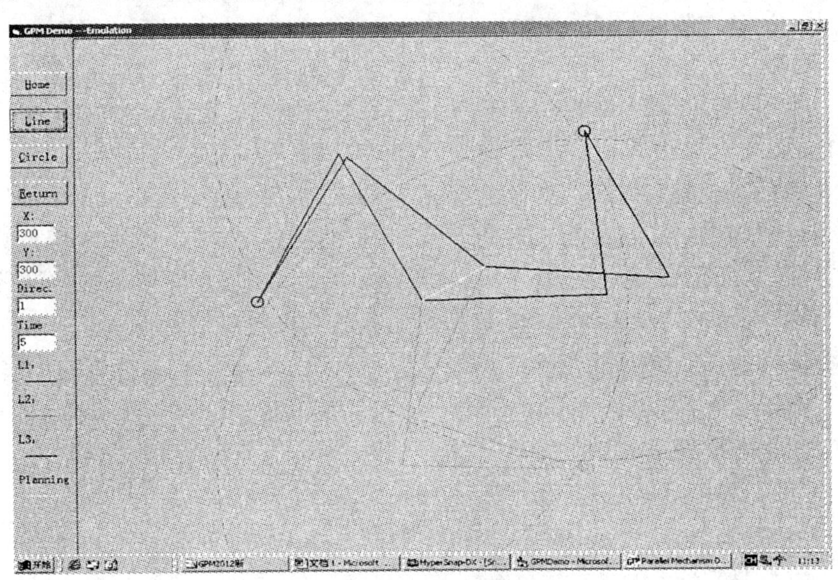

图 4.20　绘制直线

② 绘图（见图 4.21）。

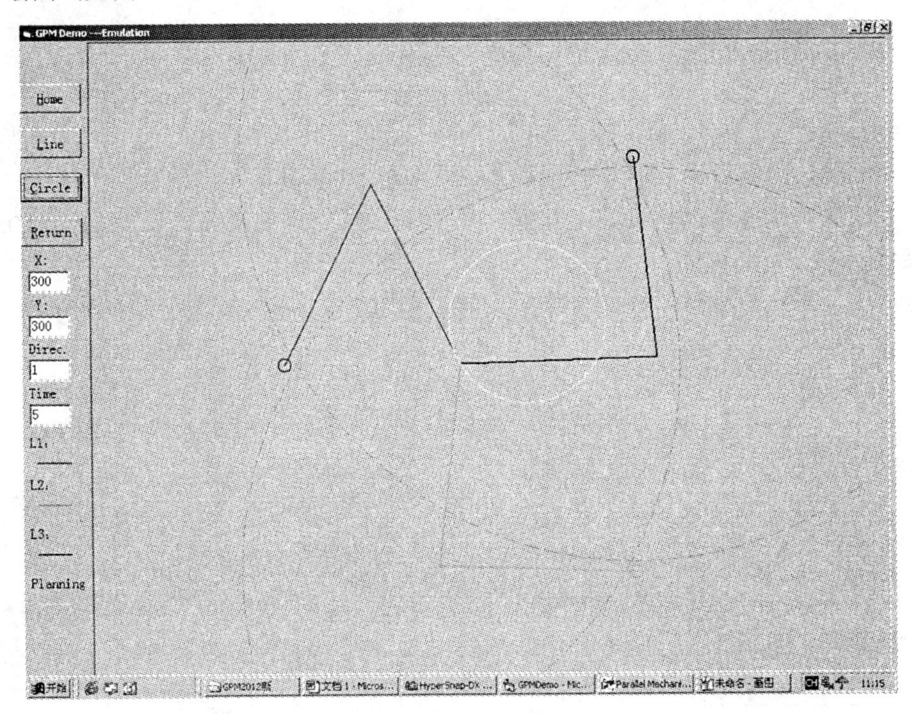

图 4.21　圆的绘制

用类似“绘直线”的操作过程进行圆的绘制。设 X 与 Y 为（300，300），就是以当前点为起点，指定点为圆心，当前点与指定点之间的距离为半径，按指定方向画一个整圆。

注意：在目标点的设置过程中，绘出的图形可能超出工作空间，这时电脑会自动报警，给出提示，因此在开动机器人时，一定要先进行仿真，看绘图是否可行，如果不行，则不要直接用来控制机构。

（6）机构的运动控制过程操作与仿真基本相同，点击“Motion”后，“Home”，“Line”，“Circle”及“Demo”按键变成可用，进入了机构控制阶段。在运动前，再次仔细检查机器人是否放在足够的空间，与周围的物件无干涉。在每次画线、画圆或画综合图之前，都要先归零（点击“Home”）。

（7）在已有的例子完成以后，可在教师指导下打开 VB 源代码，仔细观察程序的控制部分，进行适当修改画出由直线与圆组成的任何图形。感兴趣的同学还可以深入研究控制程序与控制原理，编制出自己的程序进行运动仿真与图形绘制，程序设计可参照《GT 系列运动控制器编程手册》。

（8）机构绘图。给画笔的输入端接上空压机，以便画笔气缸可以上下运动，实现绘图功能。在绘图过程中，不要随便变动图纸与机构，更不要靠近观看，以免造成意外伤害。每次换纸时要按下红色的停止按钮。

（9）根据操作过程，记录每一步数据，并记录一个命令下重复操作后的结果。观察多自由度机器人过程的多样性，比如同时到达某点时，各个手臂的不同位置。通过过程与数据分析得出冗余机器人的规划技术与实现方法。

七、实验注意事项与说明

（1）GPM 系列并联机构要摆放在有足够强度和稳度的桌面上。

（2）不要在高温和潮湿的环境中使用该设备。

（3）在使用时，要注意使并联机构有足够的运动区间，不得使其与其他物体干涉。

（4）三自由度包括了三轴中的任意两轴及画笔的上下移动。

（5）由于在每次运动都只有三轴中的两轴运动，所以在电机驱动转换时容易产生误差，因此一定要保证各个关节的连接刚度。

（6）在实验过程中可以了解到，当一个圆是由不变的两轴来完成时，可以绘出一个标准的圆；而若有轴转换时，绘出的圆就会产生一定的误差。

八、GPM 并联机构运动学*

这里简述的并联机构运动学，只研究并联机构的各连杆间的位移关系以及软件实现的方法。

1. GPM-200 并联机构几何参数

为了便于研究并联机构的各连杆间的位移关系，建立如图 4.22 所示坐标系。

---

* 供参考之用。

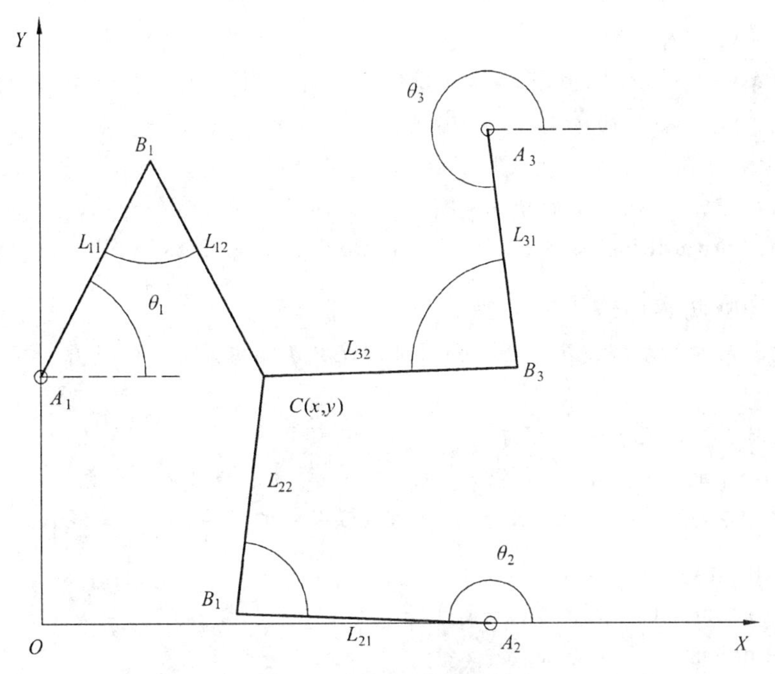

图 4.22　连杆间的位移关系

如图 4.22 建立坐标系后，GPM-200 并联机构几何参数则为：

① 连杆长度相等：$L_{11}=L_{12}=L_{21}=L_{22}=L_{31}=L_{32}=L_1=244$ mm；

② 电机位置 A_1（x_{a1}，y_{a1}），A_2（x_{a2}，y_{a2}），A_3（x_{a3}，y_{a3}）在坐标系中的坐标为：A_1（0，250），A_2（433，0），A_3（433，500）；

③ 连杆关节：B_1（x_{b1}，y_{b1}），B_2（x_{b2}，y_{b2}），B_3（x_{b3}，y_{b3}）。

2. GPM-200 并联机构正向运动学

对于正向运动学，就是已知电机转角位置 θ_1，θ_2，θ_3；求并联机构连杆末端位置 C（X，Y）坐标。

从以上坐标系中的几何关系可得：

$$x_{b1}=x_{a1}+L_1\cos\theta_1$$
$$y_{b1}=y_{a1}+L_1\sin\theta_1$$
$$x_{b2}=x_{a2}+L_1\cos\theta_2$$
$$y_{b2}=y_{a2}+L_1\sin\theta_2$$
$$x_{b3}=x_{a3}+L_1\cos\theta_3$$
$$y_{b3}=y_{a3}+L_1\sin\theta_3$$

$$A=x_{b1}^2+y_{b1}^2$$
$$B=x_{b2}^2+y_{b2}^2$$
$$C=x_{b3}^2+y_{b3}^2$$

因为连杆等长，B_1，B_2，B_3 与 C 点的距离相等，连立方程并求解，可得 C 点坐标：

$X=[A(y_{b2}-y_{b3})+B(y_{b3}-y_{b1})+C(y_{b1}-y_{b2})]/\{2[x_{b1}(y_{b2}-y_{b3})+x_{b2}(y_{b3}-y_{b1})$

$+x_{b3}(y_{b1}-y_{b2})]\}$

$Y=[A(x_{b3}-x_{b2})+B(x_{b1}-x_{b3})+C(x_{b2}-x_{b1})]/\{2[x_{b1}(y_{b2}-y_{b3})+x_{b2}(y_{b3}-y_{b1})+x_{b3}(y_{b1}-y_{b2})]\}$

在软件设计中，FrowardKinematicsch（ ）为正向运动学的求解函数；

Public Sub ForwardKinematicsch(angle1 As Double，angle2 As Double，angle3 As Double).

3. GPM-200 并联机构反向运动学

对于反向运动学的求解，就是已知并联机构连杆末端位置 C（X，Y)；求电机的角度位置 θ_1，θ_2，θ_3。

从以上坐标系中的几何关系可得：

a_{1c} 为直线 A_{1C} 的长度；a_{2c} 为直线 A_{2C} 的长度；a_{3c} 为直线 A_{3C} 的长度；

α_1 为直线 A_{1C} 与 X 轴的夹角，α_2 为直线 A_{2C} 与 X 轴的夹角，α_3 为直线 A_{3C} 与 X 轴的夹角。

$$\alpha_1=\arctan[(y-y_{a1})/(x-x_{a1})]$$

$$\alpha_2=\pi+\arctan[(y-y_{a2})/(x-x_{a2})]$$

$$\alpha_3=\pi+\arctan[(y-y_{a3})/(x-x_{a3})]$$

$$a_{1c}=\sqrt{(x-x_{a1})^2+(y-y_{a1})^2}$$

$$a_{2c}=\sqrt{(x-x_{a2})^2+(y-y_{a2})^2}$$

$$a_{3c}=\sqrt{(x-x_{a3})^2+(y-y_{a3})^2}$$

$$\theta_1=\arccos[a_{1c}/(2L_1)]+\alpha_1$$

$$\theta_2=\arccos[a_{2c}/(2L_1)]+\alpha_2$$

$$\theta_3=\arccos[a_{3c}/(2L_1)]+\alpha_3$$

换算成角度：

$$\theta_1=180^\circ\cdot\theta_1/\pi$$

$$\theta_2=180^\circ\cdot\theta_2/\pi$$

$$\theta_3=180^\circ\cdot\theta_3/\pi$$

在软件设计中，InverseKinematics（ ）为反向运动学的求解函数；

Public Function InverseKinematics (x As Double，y As Double)　As Integer.

4. GPM-200 并联机构工作空间的确定

工作空间的确定是并联机构反向运动学中的一个关键问题，要确保并联机构连杆末端规划点在有效工作范围，就必须先确定工作空间（即反解存在的区域，见图 4.23)。

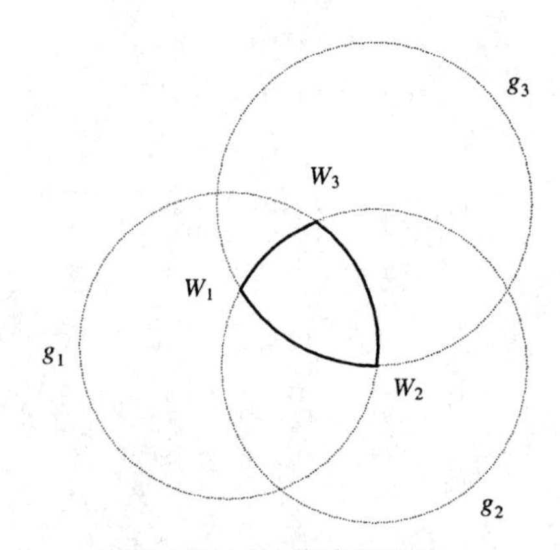

图 4.23　工作空间示意

W_1 是 g_2 和 g_3 的一个交点；W_2 是 g_1 和 g_3 的一个

交点；W_3是g_1和g_2的一个交点。

$\overset{\frown}{w_1w_2}$　在g_3上，

$\overset{\frown}{w_2w_3}$　在g_1上，

$\overset{\frown}{w_3w_1}$　在g_2上，则有效工作范围：

g_1：$(x-x_{a1})^2+(y-y_{a1})^2=R^2$

g_2：$(x-x_{a2})^2+(y-y_{a2})^2=R^2$

g_3：$(x-x_{a3})^2+(y-y_{a3})^2=R^2$

在软件设计中，PointIsInWorkspace（ ）为判断连杆末端是否在工作空间的函数；

Public Function PointIsInWorkspace（x As Double，y As Double） As Integer.

5. 系统特点

（1）特有的平面关节结构设计，最大限度地扩大了末端执行器的工作空间。

（2）连杆选用铝质合金材料，配以特有结构设计，质量轻、惯量小且刚度高。

（3）采用3个电机驱动，以实现末端执行器的两自由度运动；并且所有驱动电机安装在基座上，从而获得较高的加速度。

（4）以带绝对码盘的交流伺服电机和谐波减速器等标准工业产品作为驱动和传动装置，具有最高的质量和可靠性，且结构紧凑简单、精度高。

（5）控制系统采用高性能运动控制器，便于用户进行二次开发和进行协调控制算法研究。

6. 技术参数（见表4.3）

表 4.3

项　　目		指　　标
结构形式		平面关节式
负载能力		1 kg
运动精度（脉冲当量/转）		819 200
末端重复定位精度		±0.05 mm
定位精度		±0.1 mm
每轴最大运动范围	关节1	125°
	关节2	128°
	关节3	125°
每轴最大运动速度		3.14 rad/s
本体质量		≤50 kg
几何尺寸（长×宽×高）		590 mm×525 mm×400 mm

第五章　机构创新设计

实验15　机械方案创意设计模拟实施实验

一、实验目的

（1）加深学生对机构组成原理的认识，进一步了解机构组成及其运动特性。

（2）培养学生运用实验方法，研究、分析机械的初步能力。

（3）培养学生运用实验方法，自行构思创新、试凑选型机械运动方案，调整、优化机构参数，进而验证、确定机械运动方案和参数。

（4）使学生了解（教材未涉及的）构件干涉问题及其解决方法。

（5）培养学生用电机、控制盒等电气元件和气缸、电磁阀、调速阀、空气压缩机等气动元件组装出动力源，对机械进行动力驱动和控制的初步能力。

（6）培养学生动脑创新设计，进而动手付诸工程实践的综合能力。

二、实验内容

成功的设计往往始于方案的创新，而机械运动方案的选择至今缺乏实用化的理论导向。本实验的核心是以西南交通大学研制的“机械方案创意设计模拟实施实验仪”为设计手段，针对有工程背景和一定难度的设计题目，指导学生使用该实验仪的多功能零件，进行“积木式”组合调整，从而让学生自己构思创新、试凑选型机械设计方案，亲手按比例组装实物机构模型，亲手安装电机并连接电路，亲手安装气缸并组装气动系统；模拟真实工况，动态操纵、演示、观察机构的运动情况和传动性能；通过直观调整机械方案、构件布局、连接方式及尺寸以及更改动力和控制系统，来验证和改进设计，使该模型机构能够灵活、可靠地按照设计要求运动到位。也就是通过创意实验——模拟实施环节来实现培养学生创新动手能力的教学改革目标。

三、实验设备及材料

（1）机械方案创意设计模拟实施实验仪。

（2）系列转速微型电动机、操作开关盒、负载线和其他电气辅件。

（3）系列行程微型气缸、过滤减压器、电磁换向阀、调速阀、气管和空气压缩机等气动元件及辅件。

（4）螺丝、螺母、垫圈等紧固件。

（5）钢板尺、量角器等量具和扳手、钳子、螺丝刀等工具。

（6）吹塑纸。

四、实验原理

（1）机构的组成和运动学原理。

（2）直流电机、双作用式气缸的驱动和控制的原理。

五、实验步骤

（1）针对设计题目，学生初步构思选型机械系统运动方案和电气或气动驱动控制方案，绘出草图。

（2）教师指导学生使用“机械方案创意设计模拟实施实验仪”的多功能零件，按照学生自己的草图，先在桌面上进行机构的初步试验摆放，这一步的目的是进行构件的总体布局和合理分层。总体布局以机械原理课程知识为导向。而课程尚未涉及的合理分层，一方面为了使各个构件在相互平行的平面内运动，另一方面为了避免各个构件、各个运动副之间发生运动干涉。

（3）教师指导学生按照上一步骤试验的布局和分层方案，使用实验仪的多功能零件，从最里层开始，依次将各个构件组装连接到机架上。其中选取、调整各种零部件以及组装连接为各种机构的方法详见“六、实验方法”。

（4）教师指导学生根据输入运动的形式选择原动件。若输入运动为转动（工程实际中以柴油机、电动机等为动力的情况），可选用主动定铰链轴或蜗杆为原动件；若输入运动为移动（工程实际中以油缸、气缸等为动力的情况），可选用适当行程的气缸为原动件。具体的组装连接方法详见“六、实验方法”。

（5）教师指导学生试用手动的方式摇动或推动原动件，观察整个机构各个杆、副的运动，在原动件的整个行程内都没有发生杆、副干涉和“憋劲”现象，全都畅通无阻之后，才可以安装电机通过软轴联轴器与主动定铰链轴或蜗杆相连，或安装气动组件与气缸相连，进而连接电气电路和空气压缩机。电机和气动组件、空气压缩机以及配套的电气控制系统的组装连接方法详见“六、实验方法”。

（6）教师指导学生检查无误后，打开电源，用电气控制盒操纵驱动机构的运动。

（7）教师指导学生通过动态观察机构系统的运动，对机构系统的运动到位情况、运动及受力特性作出定性的分析和评价。一般包括如下几个方面：

① 各个杆、副是否发生干涉；

② 有无“憋劲”现象；

③ 输入转动的原动件是否曲柄；

④ 运动输出杆件是否具有急回特性；
⑤ 机构的运动是否连续；
⑥ 在工作行程中，最小传动角（或最大压力角）是否超过其许用值；
⑦ 机构运动过程中是否产生刚性冲击或柔性冲击；
⑧ 机构是否灵活、可靠地按照设计要求运动到位；
⑨ 自由度大于1的机构，其几个原动件能否使整个机构的各个局部实现良好的协调动作；
⑩ 动力元件（电机或气缸）的选用及安装是否合理，是否按预定的要求正常工作。

(8) 若观察机构系统运动发现问题，则学生必须按照前述步骤进行调整，直到该模型机构灵活、可靠地完全按照设计要求运动。

(9) 至此学生已经用实验方法自行确定了机构的设计方案和参数，再测绘自己组装的模型，换算出实际尺寸，填写实验报告，制作影像资料，包括：
① 粘贴机构照片；
② 按比例绘制正规的机构运动简图，标注全部参数；
③ 计算机构自由度；
④ 必要时高副低代、划分杆组；
⑤ 简述步骤（7）所列的各项评价情况；
⑥ 指出自己有所创新之处；
⑦ 指出不足之处并简述改进的设想；
⑧ 将实验报告和机构运动录像交给教师留存备查。

(10) 教师验收合格，鉴定总体演示效果，作为创新及动手环节的评分依据。

六、实验方法

本实验仪为组合可调式，它能够组装低副多杆机构，也能够组装凸轮机构、齿轮齿条机构、蜗杆蜗轮机构、带传动机构和槽轮机构这五类高副机构；还能够组装高、低副组合机构。转动副的铰链和移动副的滑块内部采用了滚动轴承，使机构运动的摩擦阻力明显减小；采用薄板型导轨和夹板定位减轻了自重；采用了具有误差补偿功能的软轴联轴器，即使电机的安装误差很大，仍可正常传动；采用了便于收存、取用零件的三层联动启闭式零件箱；它可以用手动，电动和气动三种方式来驱动，因而可以组装、演示和调整多自由度转动型和移动型原动件的组合机构。

本实验仪包含一套具有特定的形状结构和连接关系的非标准零部件。所述非标准零部件包括二自由度导轨基板组件，主动铰链组件，构件杆、杆接头组件，从动铰链组件，滑块组件，齿条齿轮组件，蜗杆蜗轮组件，电机和软轴联轴器安装组件，支承组件和气缸安装的两种组件。

1. 机架组件和零件箱

(1) 机架组件和零件箱的收存和展开待用。

机架组件和三层联动启闭式零件箱由教师做好准备。

机架组件和零件箱的收存状态如图5.1所示。

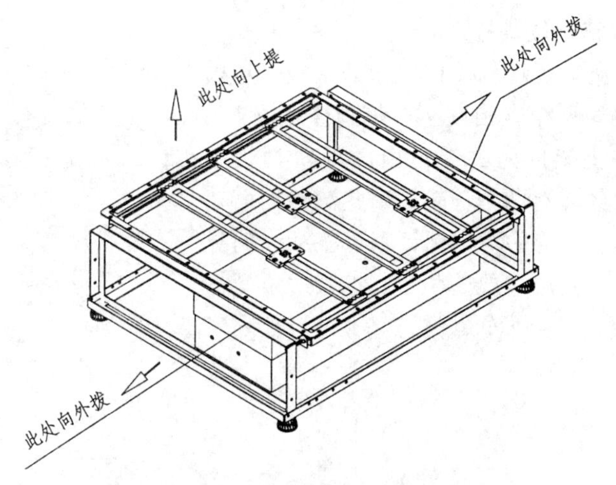

图 5.1　机架组件和零件箱的收存状态

机架组件展开时，可按照图 5.1 文字提示进行操作，然后成为如图 5.2 所示待用状态；再按该图文字提示进行操作，可以在 0°～90° 范围内调整并固定机架框的倾角。当机架框转动到与水平面之间的倾角为 0° 时，就是收存状态。

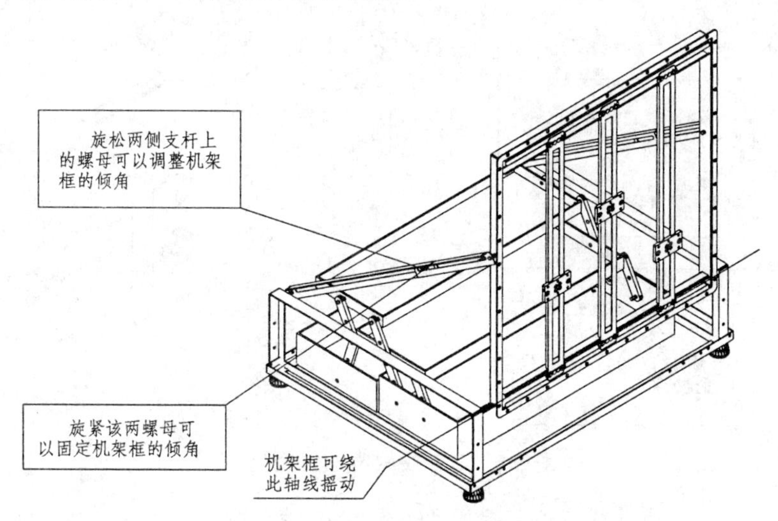

图 5.2　机架组件和零件箱的待用状态

三层联动启闭式零件箱可以如图 5.3 所示关闭收存，如图 5.4 所示展开待用（可以如图 5.1 和图 5.2 所示将其放在机架组件的底架中部，但收存时，不得将零件箱放在纵向导轨上面，以免后者被压弯变形）。

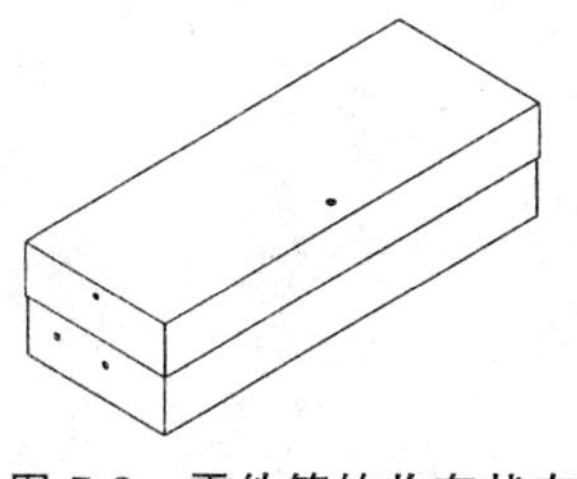

图 5.3　零件箱的收存状态

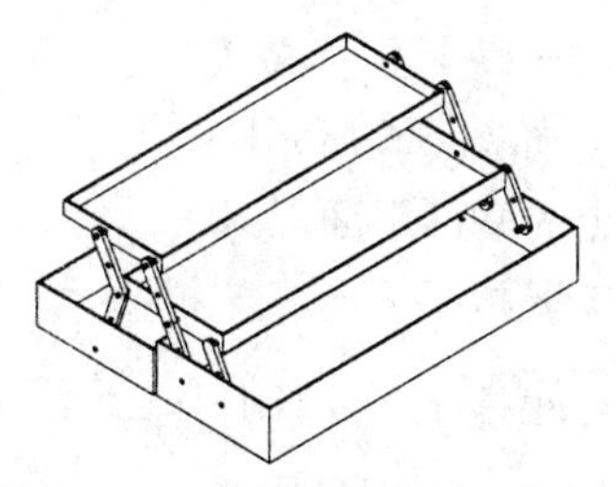

图 5.4　零件箱的待用状态

(2) 二自由度调整定位基板。

图 5.5 所示为机架与活动构件相连接的基板。基板可以在机架框内在横竖两个自由度上调整到合适位置。

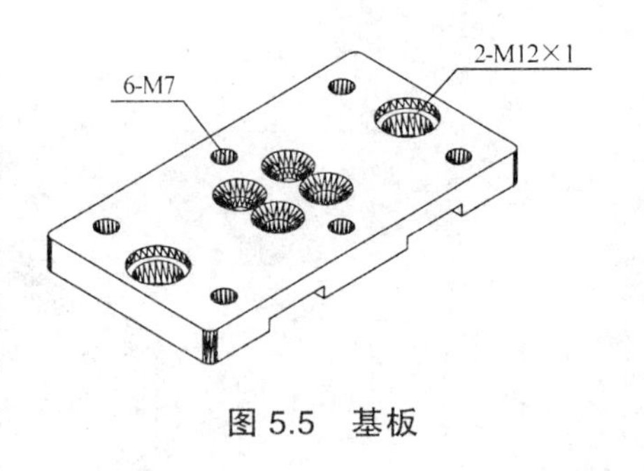

图 5.5 基板

图 5.6 为安装在机架框内的二自由度导轨基板组件。在纵向导轨两端各装有两个滚轮，这些滚轮均可在横向导轨的空腔内滚动；旋松六角螺钉则可拨动纵向导轨，带着基板左右移动到所需要的位置；拧紧六角螺钉则纵向导轨被固定成为机架导轨（注意：不可误拧固定滚轮的六角螺母）。

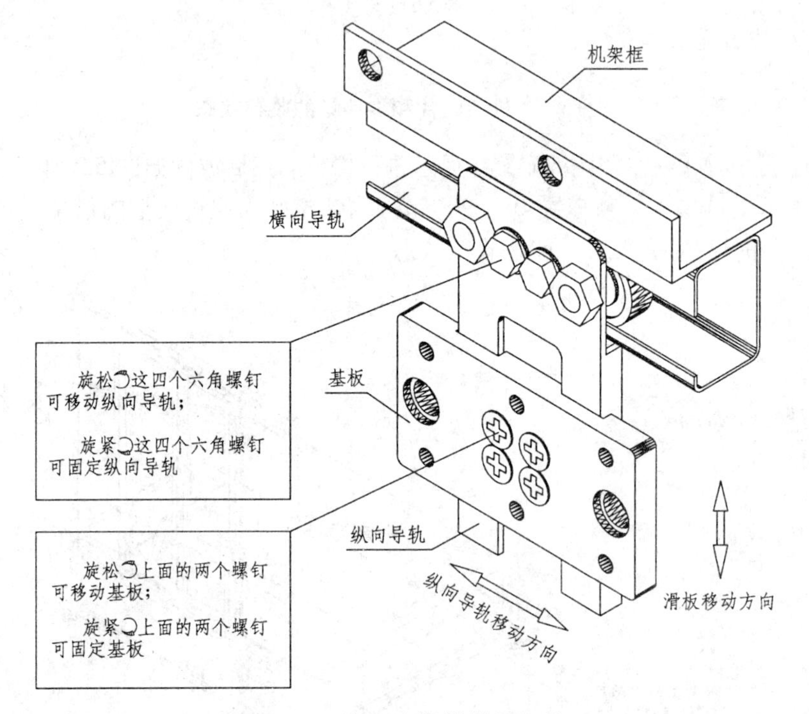

图 5.6 二自由度导轨基板组件

旋松基板上的 4 个沉头螺钉中的上面两个，可以灵活拨动基板上下移动到所需位置；拧紧这两颗沉头螺钉，基板则被固定成为机架的一部分（注意：4 个沉头螺钉中的下面两个起连接作用，一般情况下不要旋松）。

基板上的两个 M12×1 螺孔用于安装主动定铰链，6 个 M7 螺孔可以安装支承基座（用来安装连架杆、副），也可以直接安装从动铰链或蜗杆组件。

如果需要将一块基板换位安装，可以将这 4 个沉头螺钉全部旋下，拆下基板和其后面的两个条形小板，如图 5.6 所示将基板在新位置重新安装。

(3) 机架上的基准平面。

本实验仪的基板平面与机架框平面为同一个平面，称为基准平面。

2. 与机架相连的运动副

(1) 机架上的支承基座。

① 机架与连架杆、副之间的连接件——支承。

支承在机架与连架杆、副之间起连接和支承的作用。

平面机构的各个杆件在相互平行的平面内运动，为了避免在运动中相互交错的构件发生相互干涉和碰撞，必须合理安排各个构件所在的层面。本实验仪设计的单位层面间距为 $S=7.5$ mm，设计高副构件齿轮、蜗轮和凸轮的相邻层面间距为 $S=7.5$ mm，设计低副杆件的相邻层面间距为 $2S=15$ mm。

针对使用中构件层面布置的各种情况，在图 5.7 所示的 4 种支承中选用 1～2 种，组装成机架上的支承基座（4 种支承的共同之处在于它们的外螺纹都是 M7）。

1#支承和 2#支承的大端内螺孔为 M5；3#支承和 4#支承的大端内螺孔为 M7。

1#支承和 3#支承的大端轴向长度为 S；2#支承和 4#支承的大端轴向长度为 $2S$。

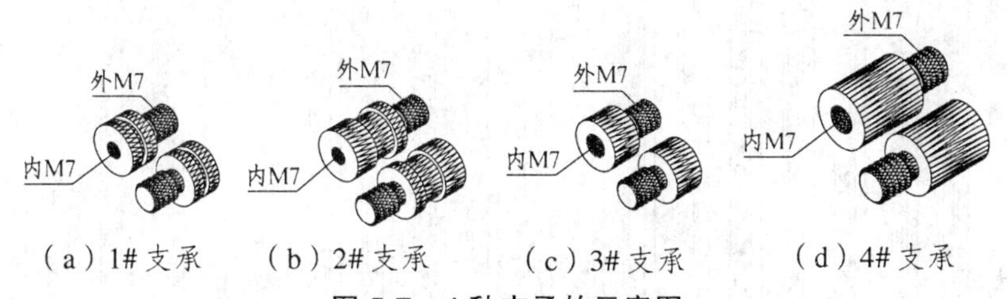

（a）1# 支承　（b）2# 支承　（c）3# 支承　（d）4# 支承

图 5.7　4 种支承的示意图

② 从动固定铰链的支承点——M7 支承基座。

M7 支承基座的螺孔 M7 对外，适用于从动固定铰链的安装。

将支承基座最外侧端面至基准平面的距离称为支承基座的高度 H。

用几个 4#支承在基板或机架框上组装成支承基座，其高度 H 为单位层面间距 S 的偶数倍，该端面螺孔 M7 对外，称为偶数层 M7 支承基座。

用一个 3#支承在最外侧，则该支承基座的高度 H 为单位层面间距 S 的奇数倍，端面也是螺孔 M7 对外，称为奇数层 M7 支承基座。

③ 固定导路杆或导路孔的支承点——M5 支承基座。

M5 支承基座的螺孔 M5 对外，适用于导路杆或导路孔的安装。

将奇数层 M7 支承基座上的唯一的 3#支承换为 1#或 2#支承，则该支承基座的高度 H 为标准层面间距 S 的奇数或偶数倍，该端面螺孔 M5 对外，称为奇数层或偶数层 M5 支承基座。

（2）组成低副和低副构件的零部件。

① 构件杆和垫块。

图 5.8 所示为低副构件的主体——构件杆。构件杆外端最短的长度为 33 mm，最长的长度为 423 mm，长度增量为 10 mm，共有系列化的 40 种长度。本书所说构件杆外端长度[L]指的是其两头端面之间的距离，用[33]、[43]、…、[413]、[423] 表示，加注方括号“[ ]”以区别于通常所说的“杆长”（两铰链中心之间的距离）。

这 40 种长度不同的构件杆具有相同的 10 mm×5 mm 矩形横截面，便于用作移动副的导路杆或组装复杂杆件；还具有若干个宽度 5 mm 的长孔，便于活动铰链或杆接头在其上的安装固定和位置调整。构件杆可以用来组装二铰链杆、多铰链杆，也可以用作固定导路杆和活动的导杆。

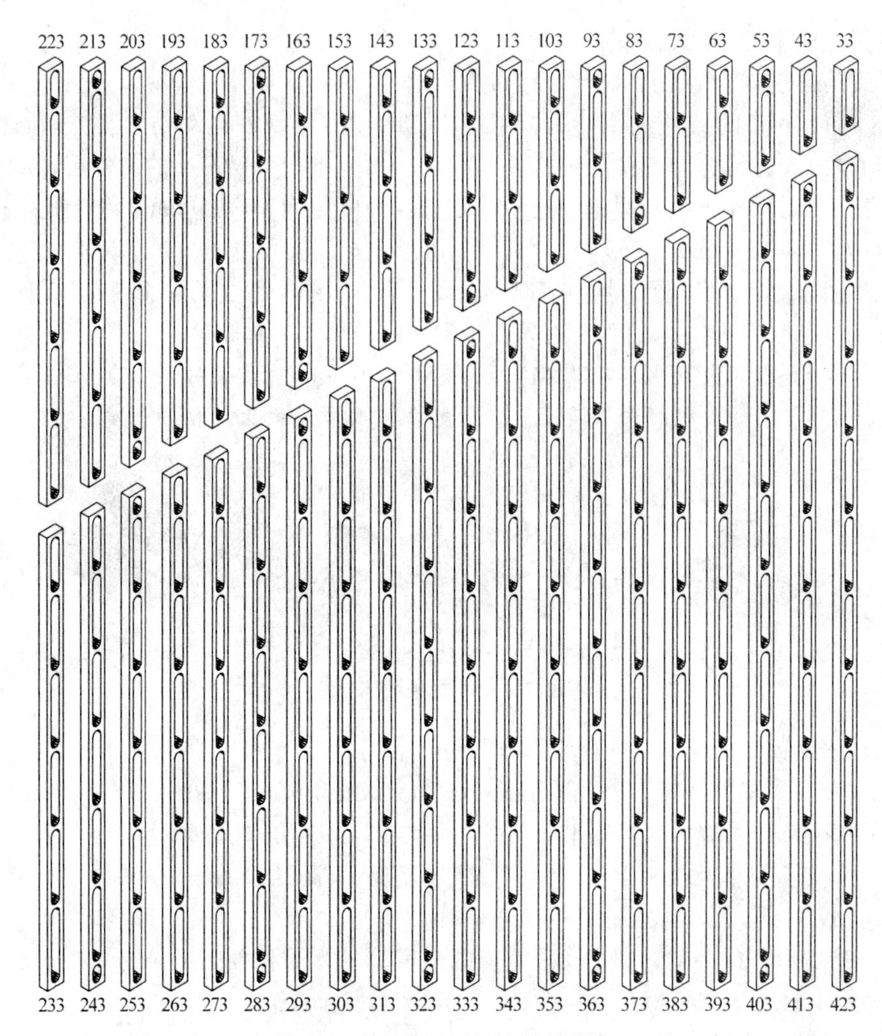

图 5.8 40 种系列长度的构件杆

图 5.9 所示为垫块，具有与构件杆相同的 10 mm×5 mm 的矩形横截面和一个宽度 5 mm 的长孔，组装复杂构件或安排杆件层面时用作辅助零件。

② 偏心滑块和带铰滑块（见图 5.10）。

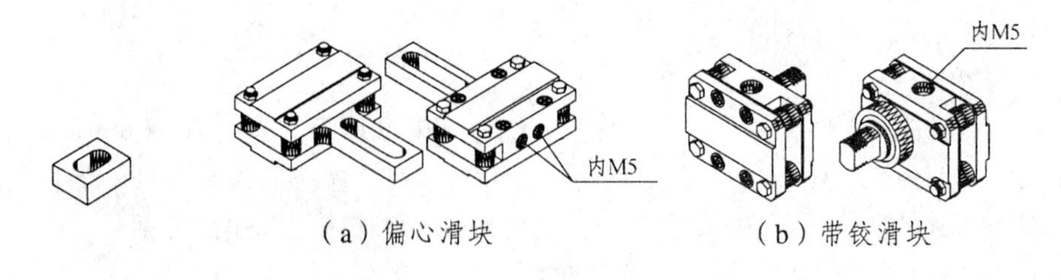

（a）偏心滑块 （b）带铰滑块

图 5.9 垫块 图 5.10 带铰滑块

偏心滑块的滑块体内部四角装有可转动的 4 个滚子，构成滚动接触式导路孔；将要穿过滑块体的构件杆与 4 个滚子接触，使移动副内部的摩擦为滚动摩擦。两个 M5 内螺纹用于锁定构件杆或固连齿条组件。

带铰滑块的滑块体内部 4 角装有可以转动的 4 个滚子，构成滚动接触式导路孔；带铰滑块的滑块体内装有滚动轴承，轴承内圈装有铰链轴，两个 M5 内螺纹用于锁定构件杆或固连齿条组件。

③ 主动定铰链（部件）。

如图 5.11 所示。主动定铰链内有两个滚动轴承，其输出端带有平键，备有长度为 1*S*、2*S* 和 3*S* 的 3 种规格的带键轴头，轴头端面有 M4 螺孔可用于轴上零件的轴向固定。将 3 种长度的轴头的主动定铰链分别称为主动定铰链 1、2 和 3。

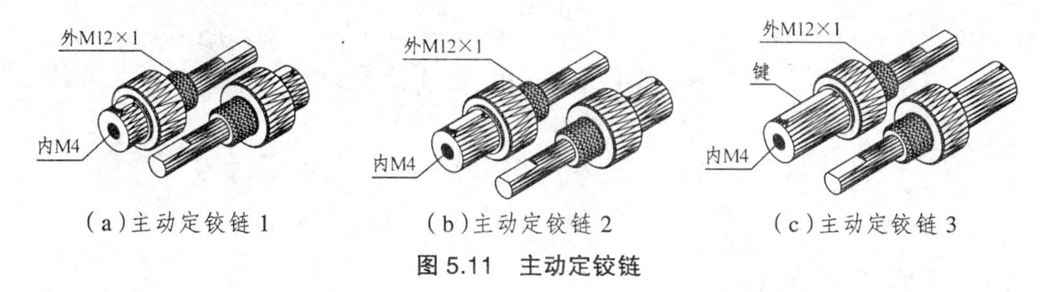

（a）主动定铰链 1　（b）主动定铰链 2　（c）主动定铰链 3

图 5.11　主动定铰链

④ 从动定铰链（部件）。

图 5.12 所示的从动定铰链内有两个滚动轴承，其输出端带有平键，备有长度为 2*S* 和 3*S* 的两种规格的带键轴头，轴头端面有 M4 螺孔可用于轴上零件的轴向固定。两种长度轴头的从动定铰链分别称为从动定铰链 2 和 3。

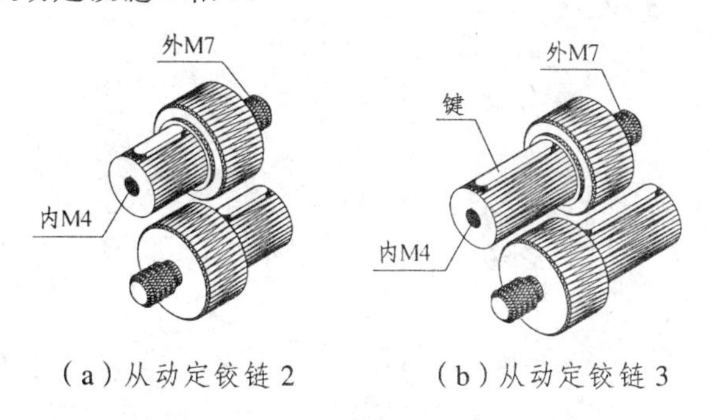

（a）从动定铰链 2　（b）从动定铰链 3

图 5.12　从动定铰链

⑤ 活动铰链、铰链螺母、铰链螺钉和小帽铰链螺钉。

用 5.13 所示分别为活动铰链、铰链螺母、铰链螺钉和小帽铰链螺钉。

活动铰链是由铰链轴和铰链套及其内部的滚动轴承组装而成的不可拆部件。铰链轴、铰链螺钉和小帽铰链螺钉具有相同形状参数的扁形截面 M7 外螺纹；当铰链螺钉的钉帽有与其他零件相碰的可能时，它可用小帽铰链螺钉代替。

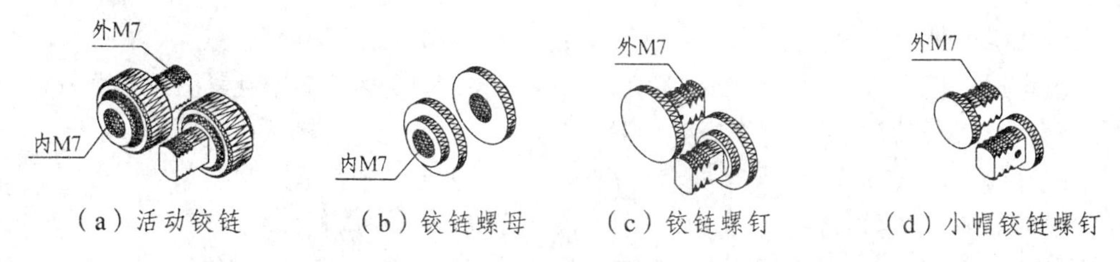

（a）活动铰链　（b）铰链螺母　（c）铰链螺钉　（d）小帽铰链螺钉

图 5.13　活动铰链、铰链螺母、铰链螺钉和小帽铰链螺钉

⑥ 套筒轴组件。

图 5.14 所示的套筒轴组件是由长度为 2*S* 和 3*S* 的两种规格的带键套筒和与之相配的从动轴以及挡片和 M4 螺钉组成的可拆部件。分别称为套筒轴组件 2 和 3。

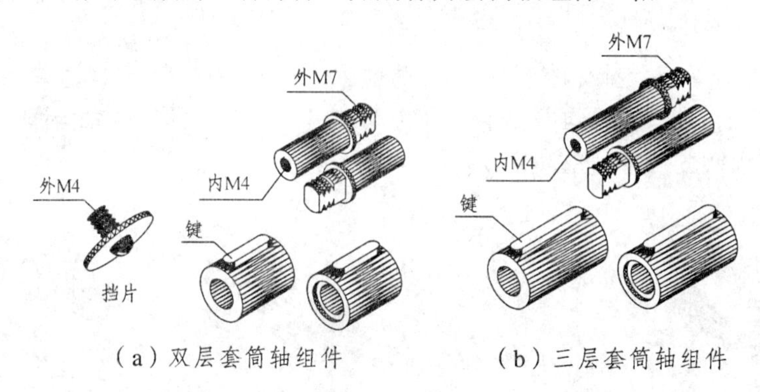

（a）双层套筒轴组件　　（b）三层套筒轴组件

图 5.14　套筒轴组件

(3) 轴线固定的导路杆。

如图 5.15 所示，在一块基板的一个 M7 螺孔上安装一个 M5 支承基座，又在机架框上的一个 $\phi8$ 通孔上安装另一个 M5 支承基座。注意这两个 M5 支承基座的高度必须相等，这样才能保证固定导路杆与基准平面平行。

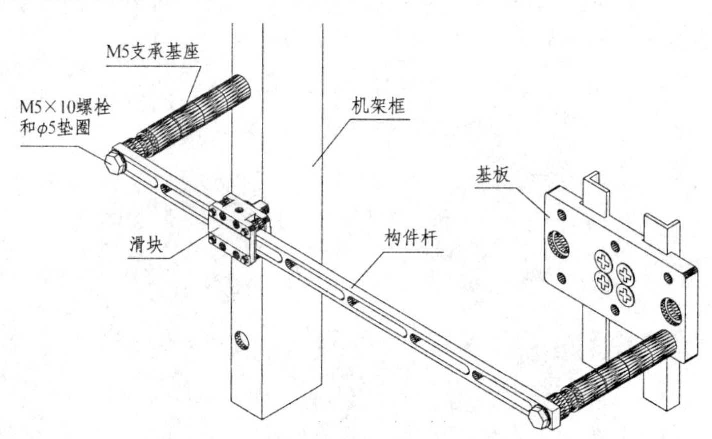

图 5.15　轴线固定的导路杆

另外，也可以将导路杆支承安装在两块基板上，还可以将导路杆两端支承都安装在机架框上。

可以采取以下措施调整导路杆的位置和倾角并满足不同长度导路杆的安装需要:

① 选择位置合适的基板，用前文所述步骤调整两自由度基板的位置，在基板上选择位置合适的 M7 螺孔用以安装 M5 支承基座。

② 在机架框上选择位置合适的 $\phi8$ 光孔用以安装 M5 支承基座。

③ 选择长度合适的构件杆作导路杆，当两个 M5×10 螺栓尚未旋紧时，导路杆可以绕支承基座转动，调整后再将该两个螺栓旋紧。

在导路杆上安装滑块(必须事先套好)则构成轴线固定的移动副。

(4) 轴线固定的导路孔（直接安装在 M5 支承基座上并调整）。

导杆受力不大时，如图 5.16 (a) 所示，可以只用一个偏心滑块构成单滑块固定导路孔。在滑板或机架框上旋紧安装一个高度合适的 M5 支承基座，将一个 M5×10 螺栓套上 ϕ5 垫圈穿过滑块柄的长孔，再旋进支承基座的 M5 螺孔，调整后旋紧固定。构件杆穿过滑块孔形成移动副。

导杆受力较大时，如图 5.16 (b) 所示，可以用两个偏心滑块构成一个双滑块固定导路孔。在基板或机架框上安装两个相同高度的 M5 支承基座；然后在该两个支承基座上分别安装偏心滑块，用一根构件杆同时穿过这两个偏心滑块，保证导路孔的两段同轴，调整后拧紧两个 M5×10 螺栓固定。

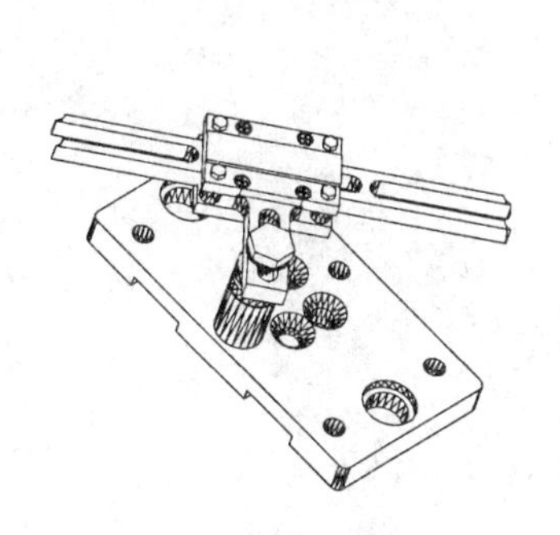

(a) 单滑块固定导路孔

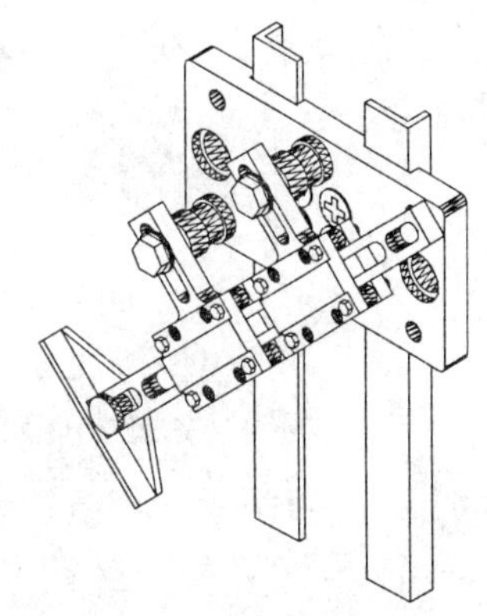

(b) 双滑块固定导路孔

图 5.16　直接安装在 M5 支承基座上固定导路孔

可以采取以下措施调整导路孔的位置和倾角以及导路孔的两段（即两个偏心滑块）之间的距离：

① 两个 M5 支承基座的位置调整如前文所述。

② M5×10 螺栓尚未旋紧时，可以将偏心滑块绕 M5 支承基座转动；也可以将滑块柄的长孔相对于支承基座移动。

(5) 轴线固定的主动铰链的安装使用。

如图 5.17 所示，将主动定铰链的铰链套的 M12×1 外螺纹旋入滑板上的 M12×1 螺孔。再逐步在水平、竖直两个自由度调整并固定基板——主动定铰链的位置。

(6) 轴线固定的从动铰链的安装使用。

① 用从动定铰链。

将从动定铰链的铰链套的 M7 外螺纹旋入滑板上的 M7 螺孔，或旋入偶数层 M7 支承基座的螺孔，如图 5.18 所示。用前文所述步骤可以水平、竖直两个自由度调整并固定基板——从动定铰链的位置。

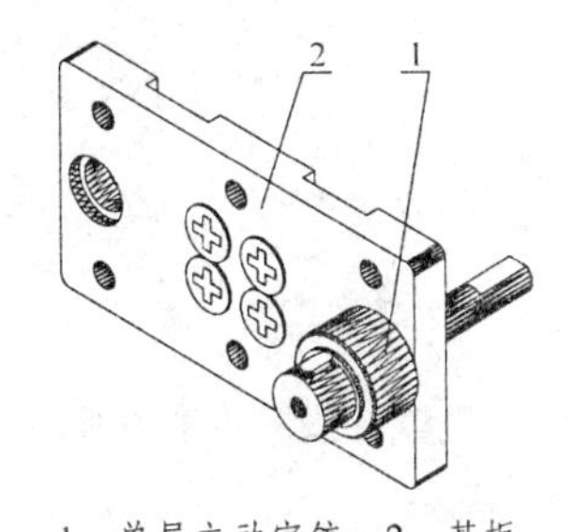

1—单层主动定铰；2—基板

图 5.17　轴线固定的主动铰链

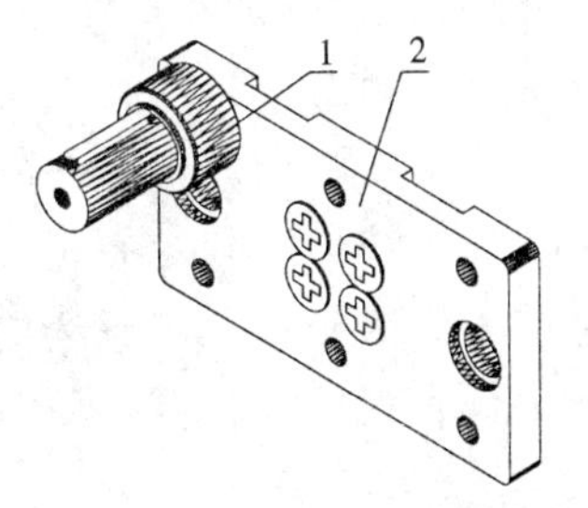

1—基板；2—三层从动定铰链

图 5.18　用从动定铰链作轴线固定的从动铰链

② 用活动铰链。

方法 1：如图 5.19(a)～(d) 所示，将活动铰链的铰链轴的扁形截面 M7 外螺纹伸过垫块，转动垫块将其旋入基板或支承基座上的 M7 螺孔并旋紧，可将活动铰链固定铰接在基板或机架框上，活动铰链的 M7 螺孔对外，可以与一根构件杆或偏心滑块柄相连。

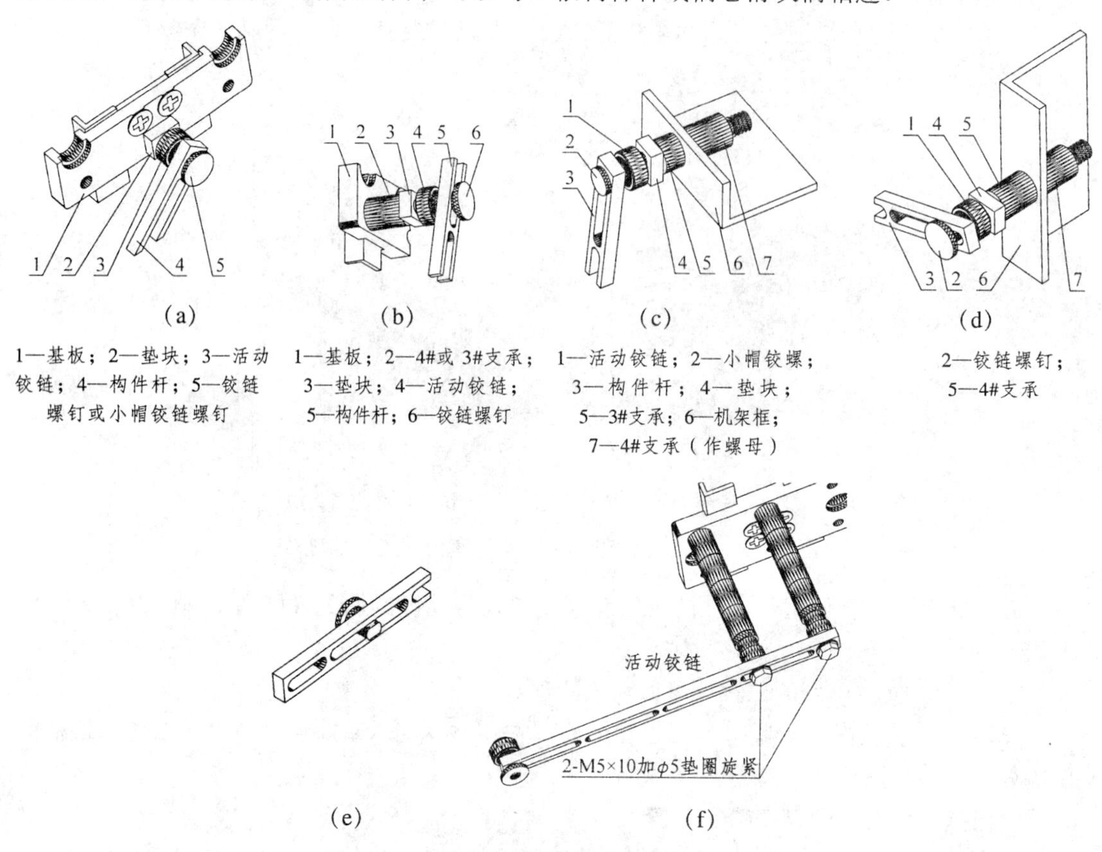

图 5.19 用活动铰链作轴线固定的从动铰链

方法 2［见图 5.19 (e)、(f)］：将活动铰链的铰链轴的扁形截面 M7 外螺纹伸过固定导路杆的长孔后与铰链螺母的 M7 螺孔旋紧，将活动铰链铰接在固定导路杆上，活动铰链的 M7 螺孔对外，可以与另一根构件杆或偏心滑块柄相连；

再用方法 2 将活动铰链与一根构件杆固结，则该构件杆成为定轴转动的从动转杆。

③ 用套筒轴组件。

如图 5.20 所示，将套筒轴组件的从动轴的扁形截面 M7 外螺纹伸过固定导路杆的长孔后与铰链螺母的 M7 螺孔旋紧，将从动轴固结在固定导路杆上，然后将带键套筒装在从动轴上。

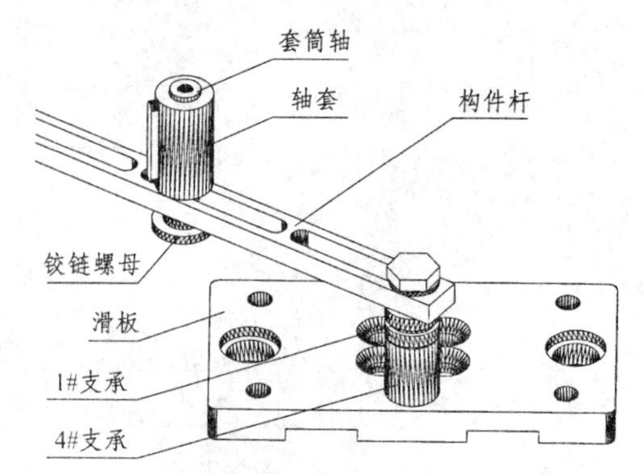

图 5.20 用套筒轴组件作轴线固定的从动铰链

3. 低副机构

(1) 组成低副和低副构件的零部件（第二部分）。

① 杆接头。

图 5.21 所示的 8 种杆接头都有与构件杆和垫块的宽度间隙配合的凹槽，凹槽内有与其宽度共有对称轴线的长孔，可以与加长铰链螺钉、构件杆和垫块组合，进行不共线多铰链杆的组装。

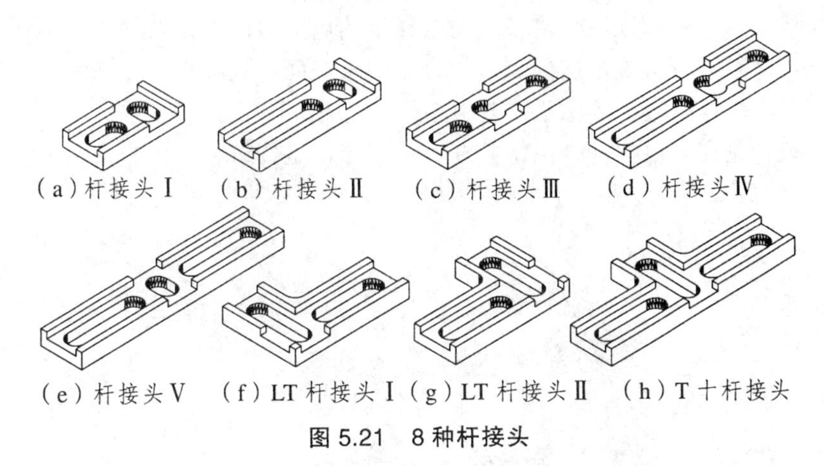

（a）杆接头Ⅰ　（b）杆接头Ⅱ　（c）杆接头Ⅲ　（d）杆接头Ⅳ

（e）杆接头Ⅴ　（f）LT 杆接头Ⅰ（g）LT 杆接头Ⅱ　（h）T 十杆接头

图 5.21　8 种杆接头

② 加长铰链螺钉。

图 5.22 所示的加长铰链螺钉也有扁形截面 M7 外螺纹，其形状、参数和功能与铰链螺钉的扁形截面 M7 外螺纹相同，但比后者增加了轴向长度，增量等于杆接头槽底的厚度，可以伸过杆接头和构件杆或垫块的长孔，而不能在孔中相对转动；其伸出端的 M7 外螺纹可以与其他零件的 M7 螺孔旋合。该零件用于不共线多铰链杆的组装。

③ 铰接轴、铰接母和铰接短母。

图 5.23 (a) 所示的铰接轴具有一段便于手拧的滚花圆柱体，该圆柱体的一端有 M7 螺孔，另一端有制成一体的与铰链螺钉相同形状规格的扁形截面 M7 外螺纹，其用途是延长活动铰链的轴向长度，合理设置杆件层面间距。

图 5.23 (b)、(c) 所示的铰接母和铰接短母都有便于手拧的滚花圆柱体和与该圆柱体同轴线的 M7 螺孔。这两种零件的用途也是延长活动铰链的轴向长度。二者的差别是轴向长度不同。铰接母适用于一般情况，而铰接短母则适合安装在杆接头背面。

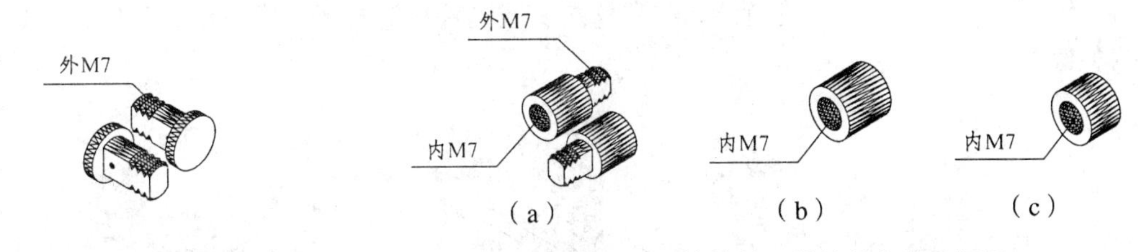

图 5.22　加长铰链螺钉　　**图 5.23　铰接轴、铰接母和铰接短母**

(2) 二铰链杆和多铰链杆。

① 二铰链杆和共线多铰链杆。

使用单根构件杆，两铰链中心最大距离等于构件杆外端长度 [*L*] 减去 13 mm。两铰链中心最小距离等于铰链套的直径（14 mm）。因此两铰链中心距离的调整范围是 14～410 mm。

若需要杆长大于 410 mm 的杆件，可用杆接头Ⅲ号或Ⅳ号或Ⅴ号将两根构件杆固结连接为一根长杆。

将活动铰链组装在构件杆上的步骤：初选适当长度的构件杆，如图 5.19（e）和图 5.24 所示将铰链螺钉的扁形截面外螺纹伸过构件杆的长孔，捏住构件杆使该外螺纹与活动铰链的铰链套的内螺纹旋合；也可以将活动铰链的铰链轴的扁形截面外螺纹伸过构件杆的长孔，捏住构件杆使该外螺纹与铰链螺母的内螺纹旋合。扁形截面外螺纹在构件杆的长孔内滑动到合适的位置，再与内螺纹旋紧，实现两铰链中心距离的无级调整。

共线多铰链杆是在一根构件杆上组装 3 个或 3 个以上铰链，其组装调整方法与二铰链杆相同，如图 5.24 所示。

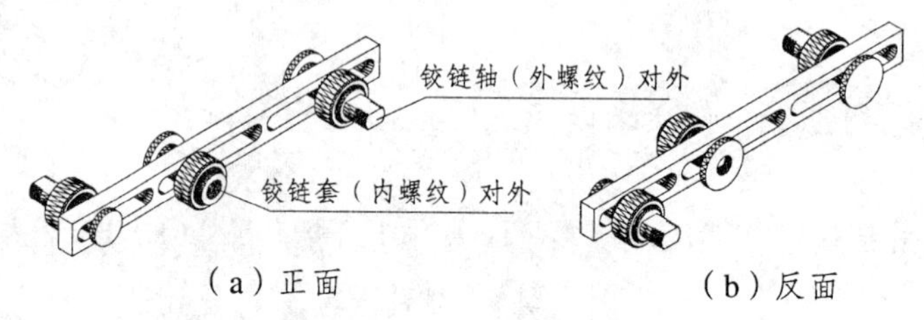

（a）正面 （b）反面

图 5.24 共线三铰链杆

组装铰链杆还必须考虑本杆件与相邻杆件的层面布置问题，以决定将各铰链组装在该构件杆的哪一侧。

② 不共线多铰链杆。

不共线多铰链杆的组装还需要使用杆接头和垫块或另一根构件杆以及标准件。

可以针对铰链的位置分布和偏距大小来选用前文介绍的 8 种杆接头。

如图 5.25 (a) 所示，用一颗 M5×12 螺钉、两个 $\phi 5$ 垫圈和一个 M5 螺母先将杆接头与构件杆固定连接为一个整体。偏距较小时，如图 5.25（c）所示，将加长铰链螺钉的扁形截面外螺纹伸过杆接头的长形孔，又伸过垫块的长形孔，再与活动铰链的铰链套的内螺纹旋合。垫块的作用是使该铰链与构件杆上的铰链具有同一个定位平面。绝对不能将铰链直接安装在杆接头的反面，否则会使该杆件与其他杆件不平行，产生“憋劲”。以上组装结构可以保证该杆件与相邻杆件平行，防止“憋劲”。偏距 a 较大时，如图 5.25（b）所示，用螺钉、垫圈和螺母将另一根构件杆也与这个杆接头固定连接为一个整体。铰链在后一根构件杆上的安装方法与二铰链杆相同。将扁形截面外螺纹在杆接头或构件杆的长形孔内滑动，可以在一定范围内调整偏距的大小。

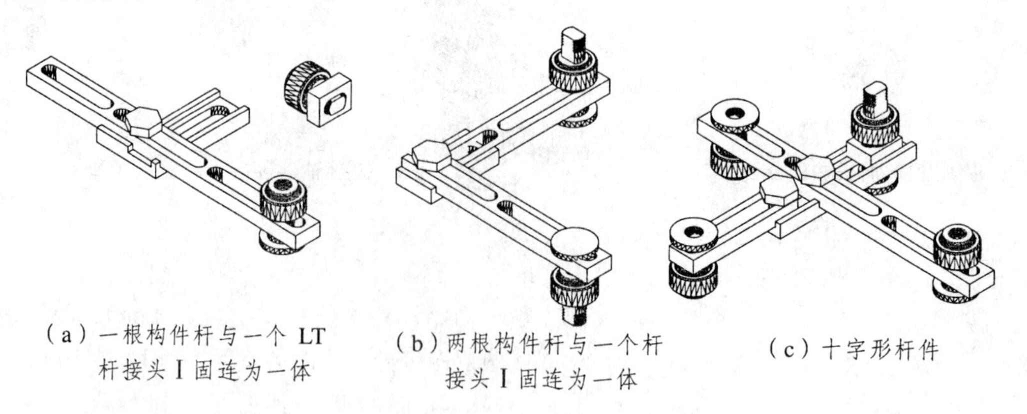

（a）一根构件杆与一个 LT 杆接头Ⅰ固连为一体 （b）两根构件杆与一个杆接头Ⅰ固连为一体 （c）十字形杆件

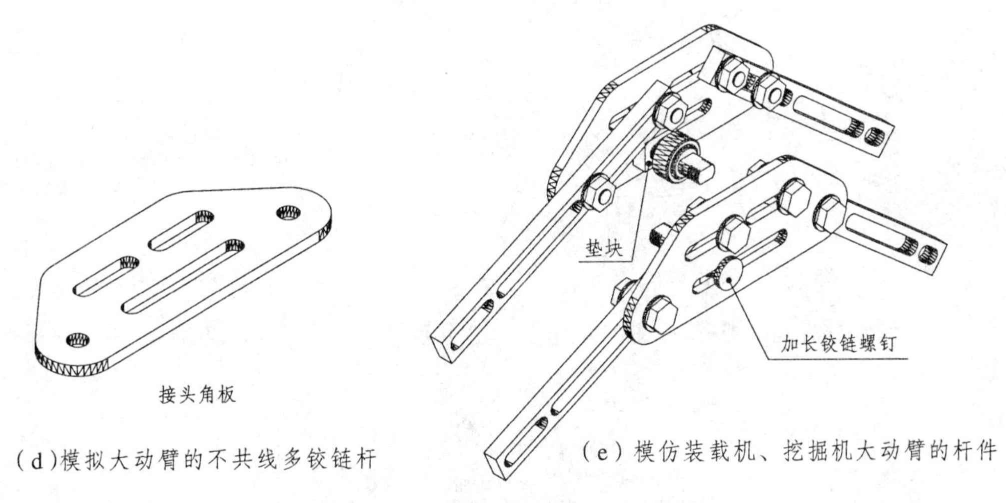

(d)模拟大动臂的不共线多铰链杆 (e)模仿装载机、挖掘机大动臂的杆件

图 5.25 不共线多铰链杆

模拟装载机、挖掘机等工程机械的大动臂构件时，可如图 5.25 (d)、(e) 所示，将接头角板与构件杆固连为较大的异形构件，再安装铰链。

注意：多铰链杆与二铰链杆铰链连接时，该铰链是两个构件所共有的。由于多铰链杆的组装调整比二铰链杆复杂，一般情况下应该把活动铰链先安装在多铰链杆上，也就是说应该先组装多铰链杆。

(3) 从动活动铰链、复合铰链、隔层铰链。

① 运动的从动铰链。

如图 5.26 所示，将铰链杆上的活动铰链的铰链轴伸过另一根构件杆的长孔，与铰链螺母的内螺纹旋合；或将铰链螺钉伸过另一根构件杆的长孔，与铰链杆上的活动铰链的内螺纹旋合。则上述铰链杆与另一根构件杆之间形成了运动的从动铰链连接。

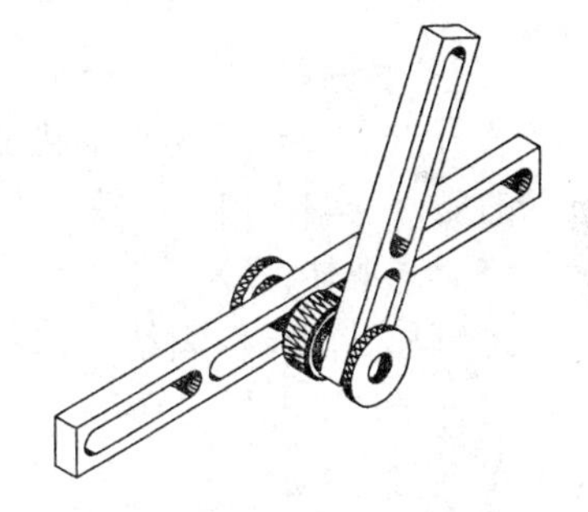

图 5.26 运动的从动铰链

涉及含有高副的构件时，可能会发生铰链轴向与其他杆件发生干涉的情况，这时可以用小帽铰链螺钉取代铰链螺钉。

② 复合铰链。

需要组装复合铰链时，如图 5.27 所示，可以增加一个活动铰链和一根构件杆，按前述方法叠加组装。

③ 隔层铰链。

为了避免杆件干涉，有时需要铰链连接的两根杆件不在相邻的层面，而在隔开的层面。

如图 5.28 所示，将铰接轴的扁形截面 M7 外螺纹伸过垫块的长孔，与安装在一根构件杆上的从动铰链的 M7 内螺纹旋合，再将铰链螺钉的扁形截面外螺纹伸过另一根构件杆的长孔，与铰接轴另一端的螺孔旋合。

(4) 轴线运动的移动副和复合低副。

① 轴线运动的移动副。

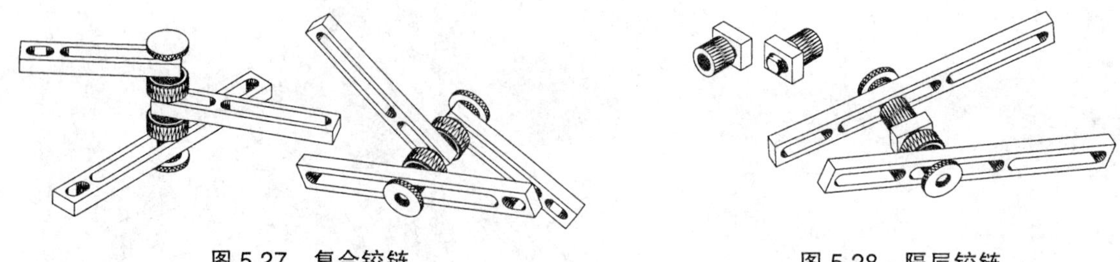

图 5.27　复合铰链　　图 5.28　隔层铰链

将带铰滑块或偏心滑块套装在构件杆上，就组装成为图 5.29 所示的轴线运动的移动副。

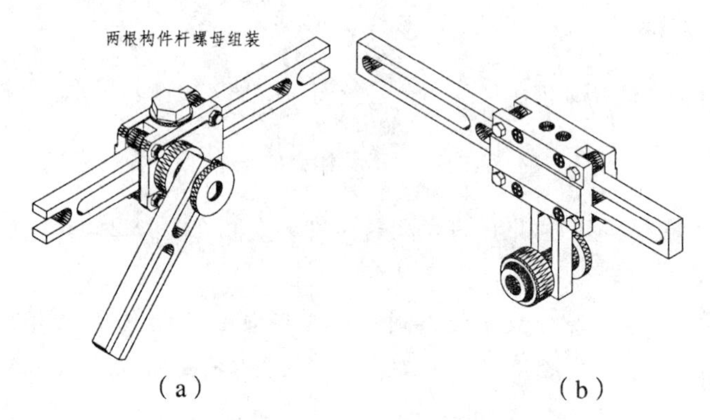

（a）　（b）

图 5.29　轴线运动的移动副和复合低副

② 复合低副。

将带铰滑块的铰链轴伸过另一根构件杆的长孔，再旋上铰链螺母，就组装成为图 5.29（a）所示的复合低副。偏心滑块的柄可以如图 5.29（b）所示安装铰链，再与另一构件杆铰接。

(5) 连架转杆。

可以与高副构件固结一起转动的低副杆件称为第一类转杆，只能单独转动的低副杆件称为第二类转杆。

① 连架主动转杆。

图 5.30 所示的曲柄杆，一端具有与高副构件相同的带键槽的孔，另一端具有与构件杆相同的截面和长孔，其本身就是第一类转杆。输入转动和扭矩的主动转杆以曲柄杆为中心。将曲柄杆的带键槽的孔如图 5.31 所示套装在主动铰链的带键轴头上，再用图 5.14 所示螺钉挡片作轴向定位，就成为主动的第一类转杆。曲柄杆的另一端可以直接安装活动铰链，也可以如图 5.32 所示与杆接头和构件杆固连再安装活动铰链，组装成为加长的第一类转杆。

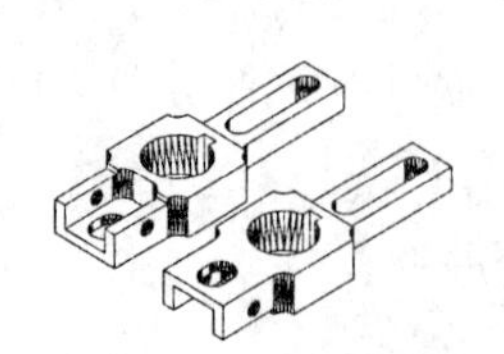

图 5.30　曲柄杆

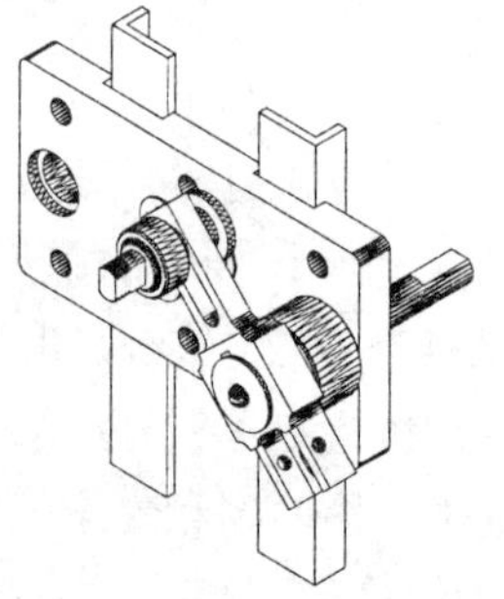

图 5.31　曲柄杆安装在主动铰链上

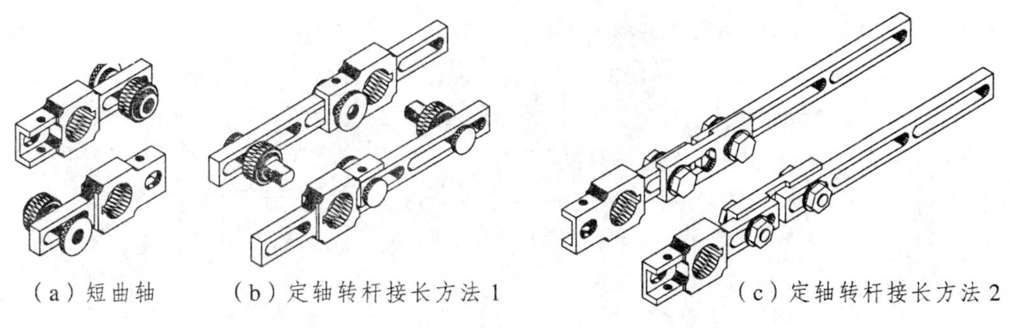

图 5.32　第一类转杆

主动铰链的带键轴头上还可以安装高副构件，与第一类转杆同轴转动。

② 连架从动转杆。

将第一类转杆安装在从动定铰链和套筒轴组件的带键轴头上，就成为可以与高副构件同轴、定轴转动的第一类从动转杆。

将构件杆与轴线固定的活动铰链的输出轴或套固结，则该构件杆成为定轴转动的第二类从动转杆。

4. 高副机构

(1) 齿轮齿条机构。

① 齿轮和齿条。

图 5.33 所示齿轮都是正常齿直齿渐开线标准齿轮，模数都是 1.5 mm，创新 A 型和 B 型

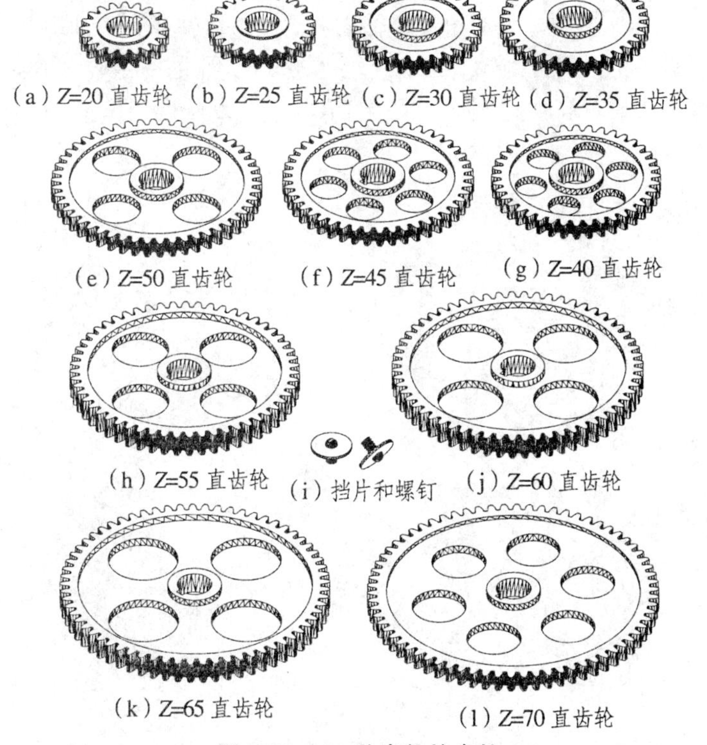

图 5.33　11 种齿数的齿轮

配置20、25、30、35、40、45、50、55、60、65和70共11种齿数；创新C型和D型配置20、25、30、35、40、45、50和55共8种齿数。各个齿轮的轮毂宽度都是8 mm，约等于单位层面间距S；齿宽都是6 mm；安装孔都是直径ϕ13 mm的基准孔，都有宽度为3 mm的内键槽。

齿轮的孔和键槽的规格以及轮毂宽度与曲柄杆、蜗轮、凸轮、皮带轮、和槽轮及其拨盘都完全相同；齿轮的齿宽与这几种高副构件的工作宽度也都完全相同，不再赘述。

图5.34描述了齿条组件的外形结构。齿条的模数也是1.5 mm。齿条组件内装有齿条螺钉，齿条螺钉的螺杆穿过齿条组件的实体伸出一段外螺纹。

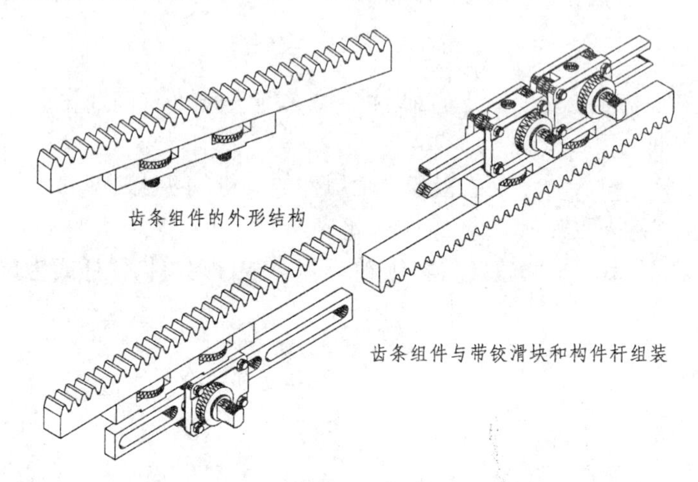

图5.34 齿条–滑块组件的组装

② 齿轮齿条的安装。

如图5.35 (a) 所示，安装好主动定铰链轴或从动定铰链轴或套筒轴组件，将相互啮合的一对齿轮的孔分别套装在各自的带键轴头或套筒上，注意将齿轮的内键槽对准轴头或套筒上的键，实现周向定位，由轴头或套筒轴的轴肩以及挡片和螺钉实现轴向定位。

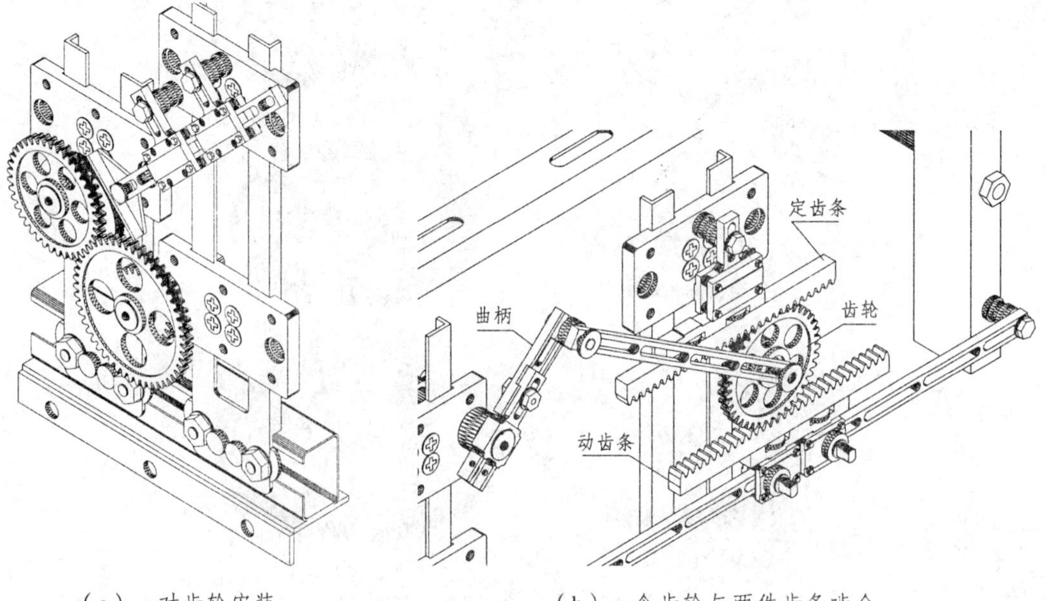

（a）一对齿轮安装　　（b）一个齿轮与两件齿条啮合

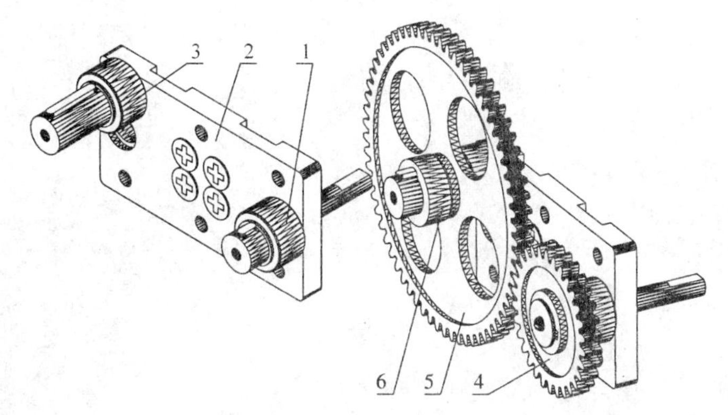

（c）特例：齿数和为 95 的一对齿轮可以安装在一块基板上

1—单层主动定铰链；2—基板；3—三层从动定铰链；4—Z30 齿轮；5—Z65 齿轮；6—齿凸垫套

图 5.35　齿轮齿条的安装

如果需要几个齿轮的轴心在一条直线上，可以将几个套筒轴组件安装在一根构件杆上。

安装固定好导路杆，如图 5.34 所示，捻转齿条螺钉外露的螺帽，将其伸出的外螺纹旋入带铰滑块的内螺纹拧紧，固结构成齿条-滑块组件，可以沿着穿过滑块体的固定导路杆往复移动。齿条受力较大时，可将其与两个带铰滑块固结，该两个带铰滑块套装在同一根固定导路杆上往复移动。

③ 调整一对齿轮或齿轮齿条传动的中心距。

为了保证相互啮合的一对齿轮或齿轮齿条实现正确啮合、连续传动，必须调整该对齿轮或齿轮齿条传动的中心距，凭手感经验使其转动灵活，并且只有很小的齿侧间隙，也就是俗称的“不松不紧”。

中心距的调整方法为：调整基板的位置，也就是调整主动或从动定铰链轴或套筒轴在机架框中的位置。一个特例：如图 5.35（c）所示，本实验仪专门设计同一基板上 M12×1 螺孔与较远的 M7 螺孔的中心距等于齿数和为 95 的一对齿轮啮合的中心距。

(2) 蜗杆蜗轮机构。

① 蜗杆和蜗轮。

本实验仪的蜗杆和蜗轮如图 5.36 所示，都是正常齿渐开线标准蜗杆和蜗轮，模数都是 1.5 mm，蜗杆为单头，蜗轮配置 20、25、30 和 35 共 4 种齿数。

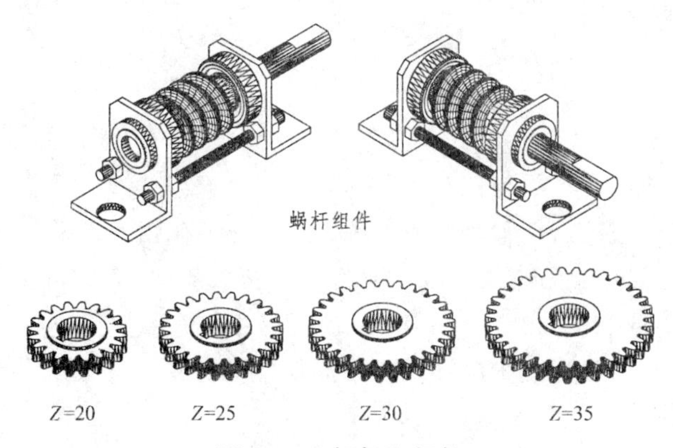

图 5.36　蜗杆和蜗轮

蜗杆两端各装有一个滚动轴承和一个L形蜗杆支座（50）。蜗杆轴与蜗杆制成一体，单侧铣扁，其结构尺寸与主动定铰链的轴完全相同。

② 蜗杆、蜗轮的安装。

蜗杆的安装如图5.37所示，在蜗杆的有（无）轴端将铰链螺钉（1#或3#支承）的M7扁（圆）形截面外螺纹套上垫片再穿过L形蜗杆支座的安装孔后旋入基板的M7螺孔，将蜗杆组件固定在基板上。

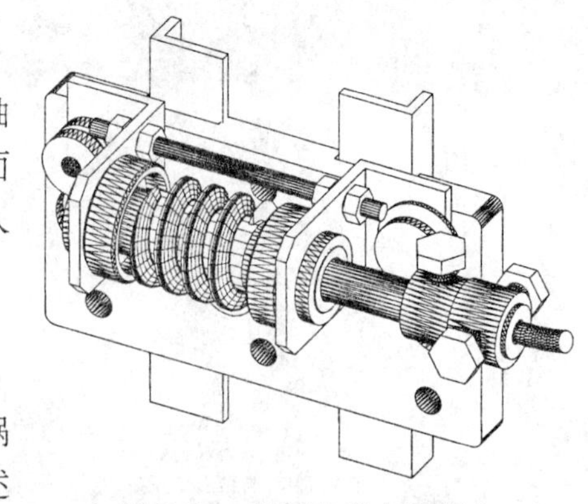

图5.37 蜗杆安装在基板上

蜗轮的安装方法与齿轮相同。

③ 调整蜗杆和蜗轮传动的中心距。

蜗杆-蜗轮中心距调整的标准与齿轮机构相同。蜗杆-蜗轮的位置和中心距调整的方法，也是按前文所述调整基板的位置。一个特例：本实验仪专门设计蜗杆和齿数为35的蜗轮可以安装在同一基板上（在后文的图5.49中有体现）。

(3) 凸轮机构。

① 凸轮、凸轮滚子和凸轮平底（见图5.38）。

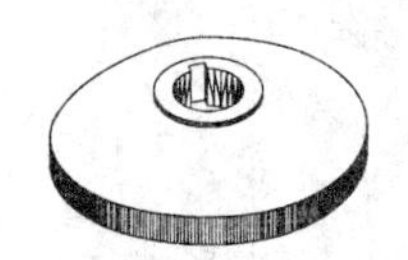
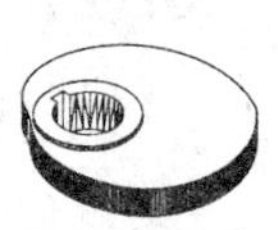
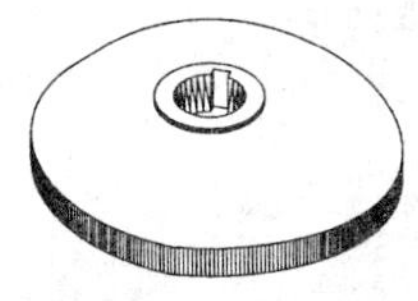
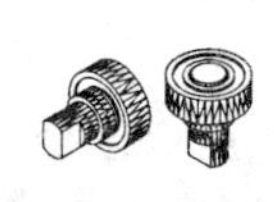
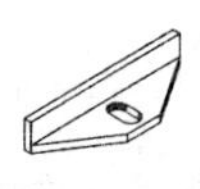

（a）1#凸轮　（b）2#凸轮　（c）3#凸轮　（d）凸轮滚子　（e）凸轮平底　（f）齿凸垫套

图5.38 凸轮和相关零部件

本实验仪配置3种廓线的凸轮。其中1#凸轮和2#凸轮的廓线有内凹区段，用于滚子推杆凸轮机构；而3#凸轮的廓线完全外凸，既可用于滚子推杆凸轮机构，又可用于平底推杆凸轮机构。本实验仪组装的推杆既可以移动又可以摆动。

凸轮滚子的一端为滚动轴承，另一端有与铰链螺钉相同形状规格的扁形截面M7外螺纹；凸轮平底有与构件杆相同宽度的长形孔。

② 凸轮和推杆的组装、安装。

凸轮的安装方法与齿轮相同。

➢ 滚子推杆的形成：如图5.39、图5.40所示，凸轮滚子轴的扁形截面外螺纹伸过构件杆的长孔，捏住构件杆使该外螺纹与铰链螺母的内螺纹旋合。

➢ 平底推杆的形成：如图5.41所示，将加长铰链螺钉的扁形截面外螺纹伸过构件杆的长形孔，又伸过平底的长形孔，再与铰链螺母的内螺纹旋合。

摆动推杆是前文已述的连架从动转杆。移动推杆安装在图5.39所示的导路孔中。(为避免遮挡，图5.40未画出摆动推杆的回转轴，图5.41未画出移动推杆导路孔)

③ 调整凸轮和推杆的位置。

凸轮位置调整的方法与齿轮相同。推杆位置调整的方法与转动、移动的低副杆件相同。

④ 凸轮与推杆保持接触的方法。

在推杆上选择合适位置，用M5螺母、$\phi 5$垫圈各两颗将一颗M5×40螺栓固结在推杆上；

用橡皮筋的一端套挂机架上合适位置的孔或凸出物，另一端套挂推杆上的螺栓。根据需要将橡皮筋双重、双根使用。实践表明，橡皮筋的拉力足以使凸轮和推杆保持接触。

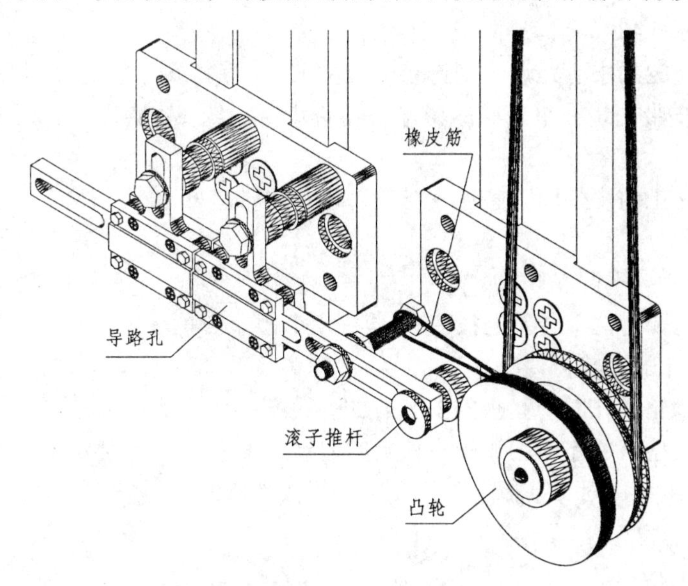

图 5.39　移动滚子推杆凸轮机构及其力封闭方法

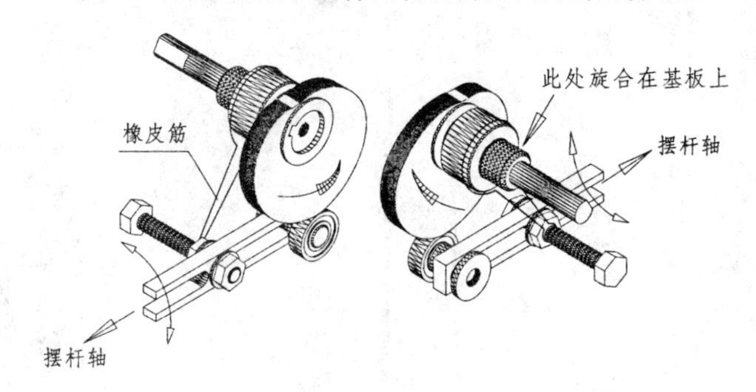

图 5.40　摆动滚子推杆凸轮机构及其力封闭方法

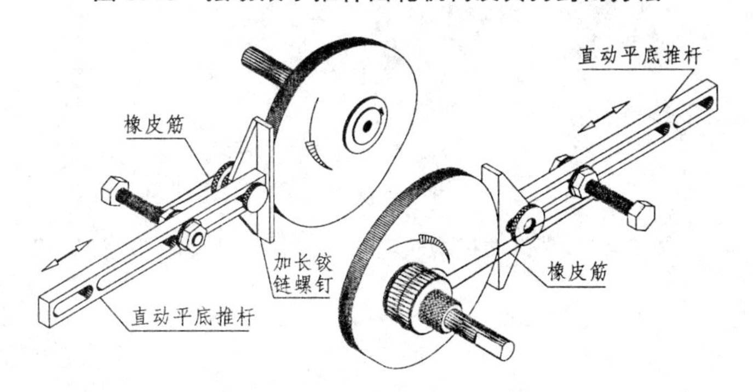

注：本图未画出作推杆导路的偏心滑块

图 5.41　移动平底推杆凸轮机构及其力封闭方法

(4) 带传动机构。

① 皮带轮［见图 5.42 (a)］和皮带。

本实验仪配置两种直径的皮带轮和 5 种长度的 $\phi3$ 皮带。

② 皮带轮和皮带的安装、调整。

皮带轮的安装方法与齿轮相同。两个皮带轮的位置、中心距的调整方法也与一对齿轮相同。安装皮带如图 5.42（b）所示：

- 将两个皮带轮的中心距调整到选定的公称值；
- 将对应的皮带先绕在小带轮的带槽，再绕大带轮约 1/3 圆周；此时皮带应该绷直，否则需调整中心距。
- 压住大带轮上的皮带同时转动大带轮，可将皮带套好。

（5）槽轮机构。

① 拨盘和槽轮（见图 5.43）。

本实验仪配置带有两个转销的拨盘和 具有 4 个槽的槽轮。

② 拨盘和槽轮的安装、调整。

一组拨盘和槽轮不在同一基板的安装方法，位置、中心距的调整方法与一对齿轮相同。调整的标准是使拨盘上的外锁止弧和槽轮上的内锁止弧之间的间隙为 0.1～0.4 mm。特例：按照图 5.35（c）来组装，同一基板上正好安装一组拨盘和槽轮。

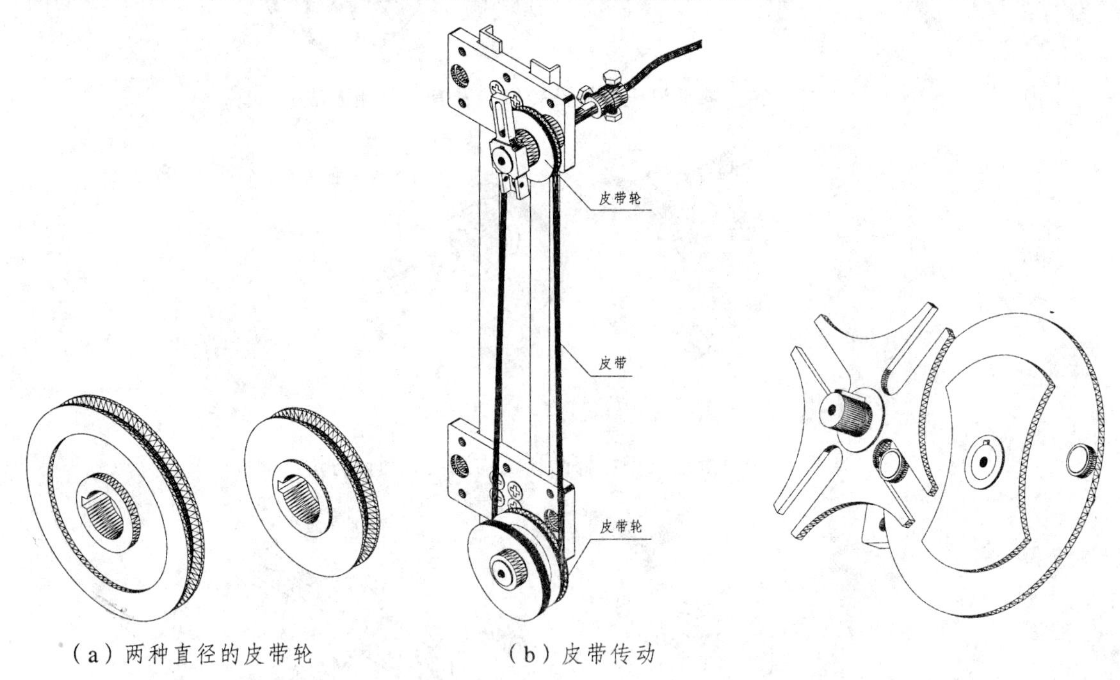

（a）两种直径的皮带轮　（b）皮带传动

图 5.42　带传动机构

图 5.43　拨盘-槽轮组装

5. 电气控制

（1）操作开关盒。

操作开关盒外凸的插座用于输入 13.5 V 直流电。操作开关盒的 4 个拨柄都有正、停、反 3 个位置。其中“正”位和“反”位由使用者拨动，松开时拨柄自动回复到“停”位。这 4 个拨柄分别与 A、B、C、D 四个负载插口 一一对应，4 路相互独立，进而与 1～4 路电机或电磁阀-气缸一一对应，也就是操作控制 1～4 个原动件（操作开关盒外形在后文的图 5.50 和图 5.56 中有体现）。

（2）负载线。

负载线两端的插头与操作开关盒、L 形电机架和气动控制组件的通用负载插口相配（在后文的图 5.50 和图 5.56 中有体现）。

（3）直流电源。

直流电源的外形为长方体（在后文的图 5.50 和图 5.56 中有体现），其作用在于将 220 V 交流电转换为 13.5 V 直流电，其输入插头与市售插线板相配，其输出插头与操作开关盒上外凸的插座相配。

由于电路中各处采用了不同规格的插头、插座（口），因此可以避免插错电路。使用者直接接触的是对人体没有危险的 13.5 V 直流电。

6. 电机驱动

（1）电机（见图 5.44 ）。

本实验仪配置微型直流电机，额定功率为 2 W，公称电压为 12 V，额定转速有 3 种：15 r/min、30 r/min 和 100 r/min。电机的正方形端面上有 4 个 M4 安装螺孔。

一般情况下，直连曲柄、凸轮、拨盘宜用慢转速电机，直连蜗杆宜用快转速电机。

（2）L 形电机架（见图 5.45）。

L 形电机架的底面上开有两个用于电机架自身安装的长孔；立面上开有一个大孔和 4 个与电机端面相配的安装小孔；还安装有并联的两个负载插口（图中未绘出）。

（3）软轴联轴器（见图 5.46）。

软轴联轴器是由套筒、绳杆、钢丝绳和联轴头以及标准件组装成的部件。绳杆的内螺纹和联轴头的内螺纹各旋有同轴线的一对螺栓，该两对螺栓的端面相互顶住夹紧伸进来的钢丝绳。套筒的孔内装有绳杆的单侧铣扁的轴，套筒的内螺纹旋有螺钉，螺钉的端面接近但不接触绳杆的扁轴侧面的平面。软轴联轴器工作时，套筒和联轴头分别固连在电机轴和负载轴上，钢丝绳传递扭矩，如图 5.48 和图 5.49 所示。由于钢丝绳是柔性体，也由于绳杆与套筒不能相对转动但可沿轴线相对移动，因而即使电机轴与负载轴有很大的不同轴误差和距离误差，仍然可以正常传动。过载时钢丝绳蜷曲，保护电机。钢丝绳作为易损件可以旋拧上述两对螺栓予以更换。

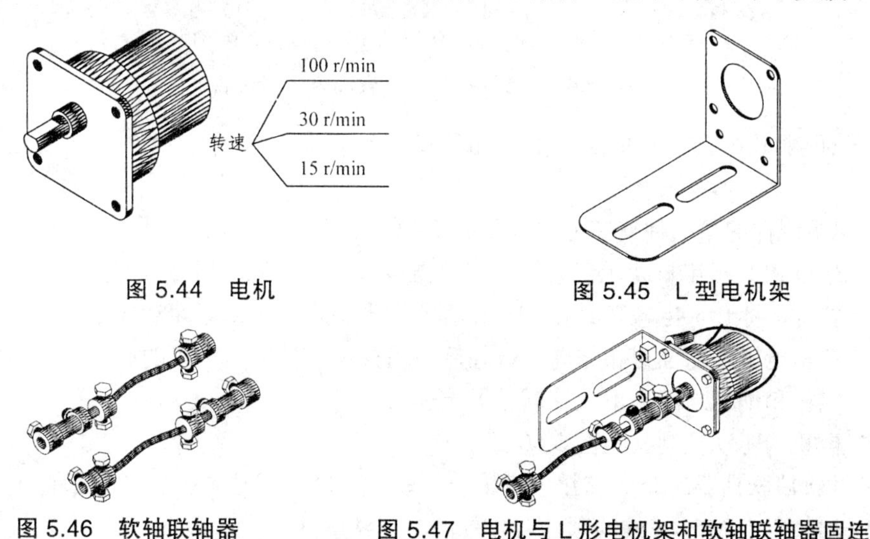

图 5.44　电机

图 5.45　L 型电机架

图 5.46　软轴联轴器

图 5.47　电机与 L 形电机架和软轴联轴器固连

(4) 电机组件的安装和调整。

如图 5.47 所示，用 2～4 个 M4×8 螺钉将电机与电机架固结，电机轴从电机架的大孔伸过。根据需要也可以将电机安装在电机架立面的里侧。

① 电机组件的第一种安装方式（见图 5.48）。

电机托杆 7 上开有沿其长度方向的几个长孔。在机架框 12、电机托杆 7 和电机架 5 上各选一个位置较合适的安装孔。用双头螺柱 11 穿过机架框 12 的孔和电机托杆 7 的安装孔，旋上四个螺母（加垫圈），将电机托杆 7 安装在机架框 12 上；再用螺栓 6 穿过电机架 5 和电机托杆 7 的长孔后旋上螺母（加垫圈），将电机架 5 安装在电机托杆 7 上；旋松螺柱 11 上的螺母时可以拨动电机托杆 7 摆动，旋松螺栓 6 上的螺母时可以沿着电机架 5 和电机托杆 7 的长孔两个方向拨动电机架 5 移动，这样电机架 5 的位置可以沿上下、左右、前后 3 个方向局部调整，使电机的轴线尽可能对正主动定铰链轴 10 的输入端而且距离适宜。调好后用两把扳手拧紧。电机的此种安装方式适用于驱动齿轮、凸轮、皮带轮、槽轮和曲柄杆等转动型主动构件的转动。

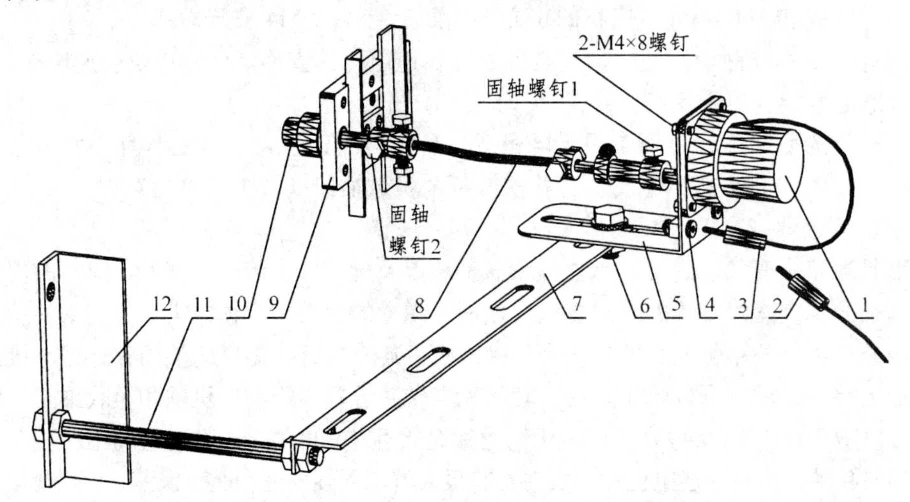

1—电机；2—电源线插头；3—电机插头；4—电机架插座；5—电机架；6—M8×20 螺栓、M8 螺母各一件，ϕ8 垫圈二件；7—电机托杆；8—软轴联轴器；9—基板；10—主动定铰链轴；11—M8×160 双头螺柱一件，M8 螺母和ϕ8 垫圈各四件；12—机架框

图 5.48 电机的第一种安装方式（后视）

实践证明，由于电机的自重小，此种安装结构有足够的刚性，完全满足实验的动力需要。

② 电机组件的第二种安装方式（见图 5.49）。

在机架框和 L 形电机架上各选择一个位置合适的安装孔，用螺栓穿过该两个孔后（加垫圈）旋上螺母，将 L 形电机架直接安装在机架框上；旋松螺母可转动或沿电机架的长孔拨动电机架，调整电机轴的位置和方向。调好后用两把扳手拧紧。电机的此种安装方式适用于驱动蜗杆。电机和蜗杆之间也用软轴联轴器相连。

(5) 电机的驱动控制（见图 5.50）。

① 将软轴联轴器的套筒套在电机轴上，联轴头套在主动定铰链轴或蜗杆上，分别旋转套筒和联轴头所带 M5×8 螺栓顶住各自轴的单侧铣扁处；

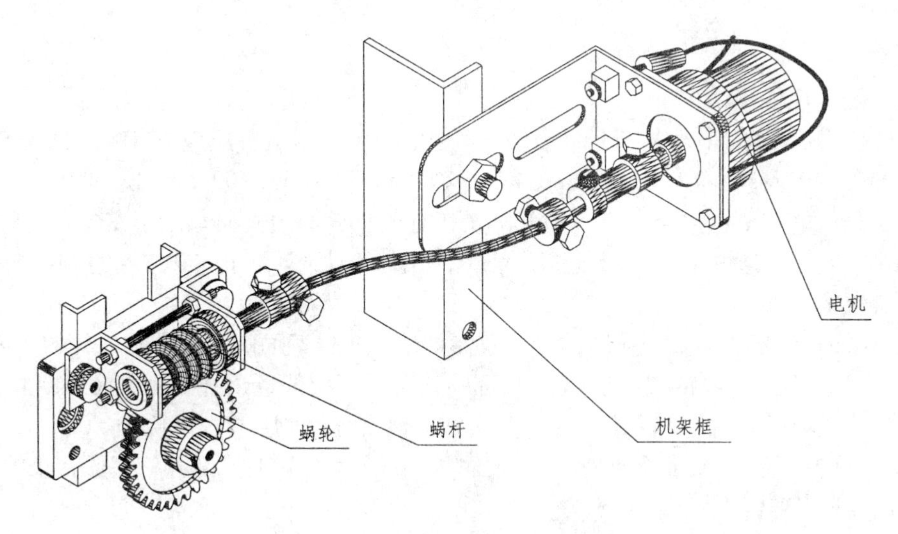

图 5.49　电机的第二种安装方式

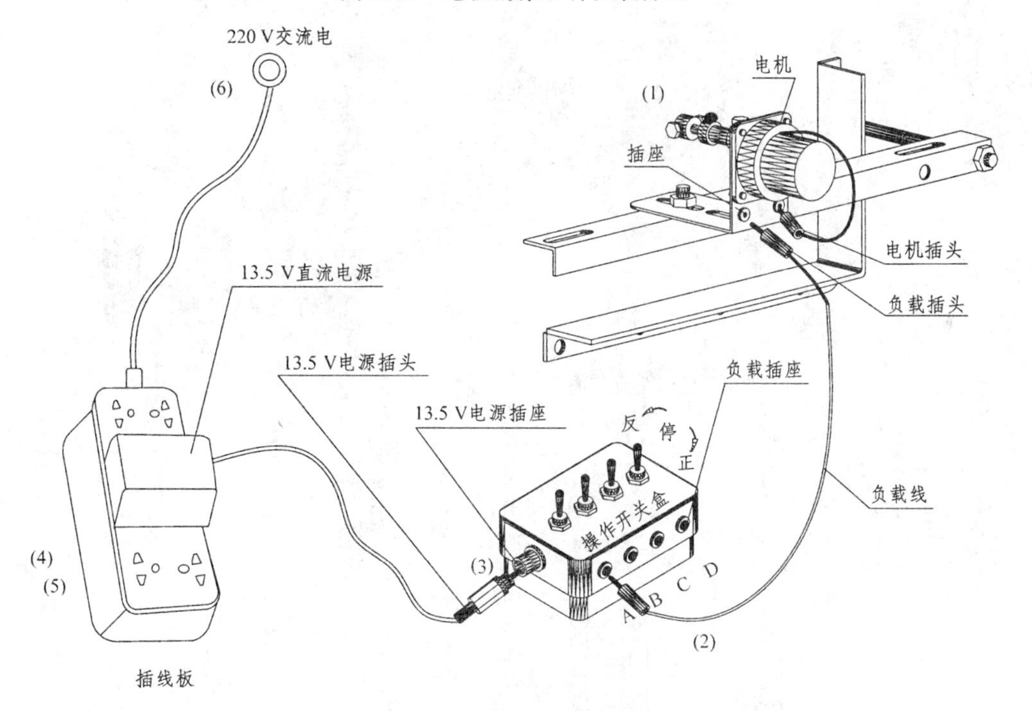

图 5.50　电机的驱动控制

② 将电机所带插头和负载线一端插头分别插入电机架的两个负载插口，负载线另一端插头插入操作开关盒的一个负载插口中；

③ 将直流电源的 13.5 V 直流电输出插头插在操作开关盒的电源插座上；

④ 将直流电源的 220 V 交流电输入插头插在交流插线板上；

⑤ 闭合交流插线板的电源开关；

⑥ 将插线板的输入插头正式插在交流 220 V 电源上；

⑦ 拨动操作开关盒的拨柄："正"位——电机正传，"反"位——电机反转，放松时 "停"位——电机不转或停转。

7. 气缸驱动

(1) 气缸的规格和结构。

本实验仪采用图 5.51（e）所示工业微型气缸，可承受最大气压为 1 MPa，实验所需气压小于 0.55 MPa，配置行程有 7 种：30 mm，45 mm，60 mm，75 mm，100 mm，125 mm 和 150 mm，可以根据从动件的需要选用合适行程的气缸。气缸的缸筒两端侧面有用于安装调速阀的 M5 螺孔，前端有用于固定的 M8×1 外螺纹；气缸的活塞杆端部有用于安装接头的 M4 外螺纹。

(2) 气缸的辅件。

图 5.51（a）所示的活塞杆接头的一端双侧铣扁，其横截面的厚度与构件杆的厚度相同，还有长形孔可以容纳铰链轴和铰链螺钉的扁形截面，只能伸过该孔但不能在该孔中相对转动；活塞杆接头的另一端有 M4 螺孔，可与气缸的活塞杆的 M4 外螺纹旋合。

图 5.51（b）所示为 L 形气缸座，其立面较大的孔为气缸的安装孔，底面较小的两个孔为其自身的安装孔。

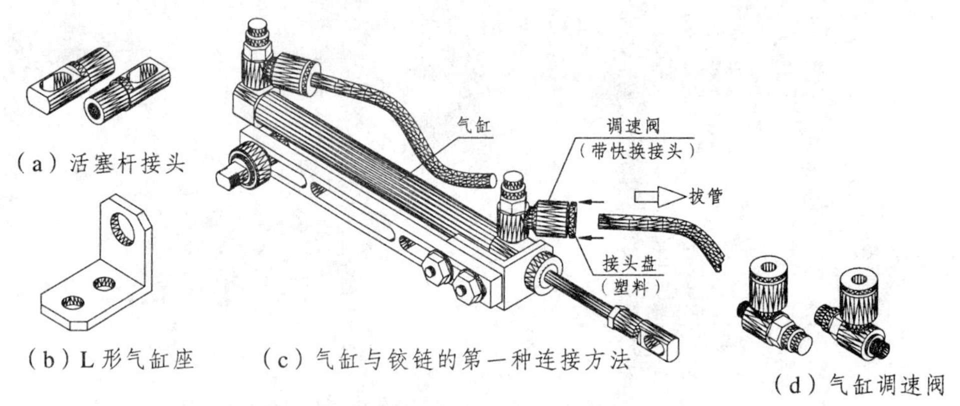

（a）活塞杆接头

（b）L 形气缸座

（c）气缸与铰链的第一种连接方法

（d）气缸调速阀

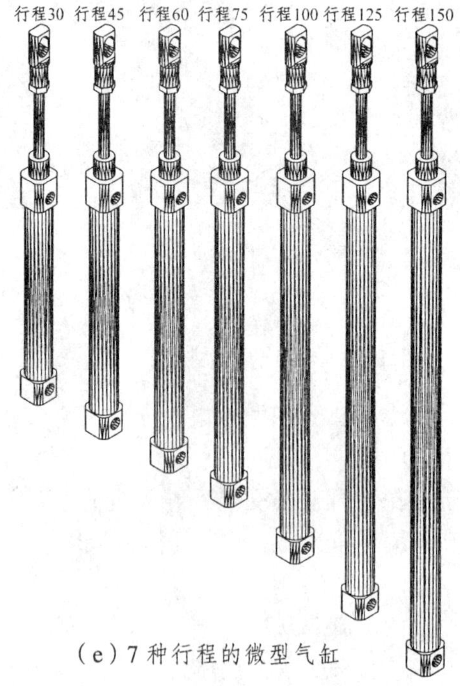

（e）7 种行程的微型气缸

图 5.51 气缸及其辅件

图 5.51（d）所示的调速阀一端具有带密封圈的 M5 外螺纹管，另一端具有 $\phi 4$ 快换接头，捻转其上的圆钮螺旋可以调节气流量，也就是调节气缸的伸缩速度。

撑杆为直径 $\phi 3$ 的光棒，有 7 种长度，对应于气缸的 7 种行程。

图 5.52 所示的法兰的较大的孔用于安装气缸，两个平行的小孔与撑杆相配，还有两个螺孔分别与配撑杆的两孔垂直相通。

图 5.53 所示的气缸铰链有一个可容纳气缸筒的通槽和两个平行的与撑杆相配的小孔，也有两个螺孔分别与配撑杆的两孔垂直相通。气缸铰链也用了滚动轴承，也具有与前述从动铰链相同形状参数的带有扁形截面外螺纹的铰链轴。

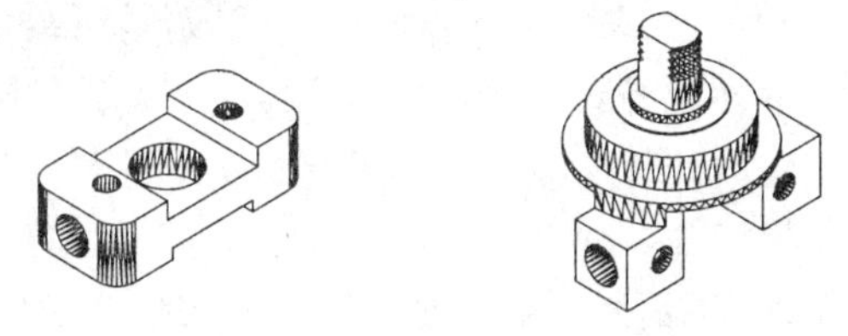

图 5.52　法兰　　　图 5.53　气缸铰链

（3）快换接头与气管的装拆。

如图 5.54 所示，调速阀的快换接头具有塑料制圆环状接头盘，将塑料制气管插入接头盘的孔，则快换接头与气管牢固相连，既不会自行脱离，也不会漏气。需要将塑料制气管从快换接头拔出时，可以将接头盘向里压，同时稍用力将气管向外拔出。

空气压缩机、气动控制组件的过滤减压二联件和电磁阀都带有这种功能的快换接头。以下提到插入、拔出气管时，都是在部件所带的快换接头上如此操作，不再赘述。

由于气路中各处采用了不同规格的快换接头，因此可以避免插错气路。

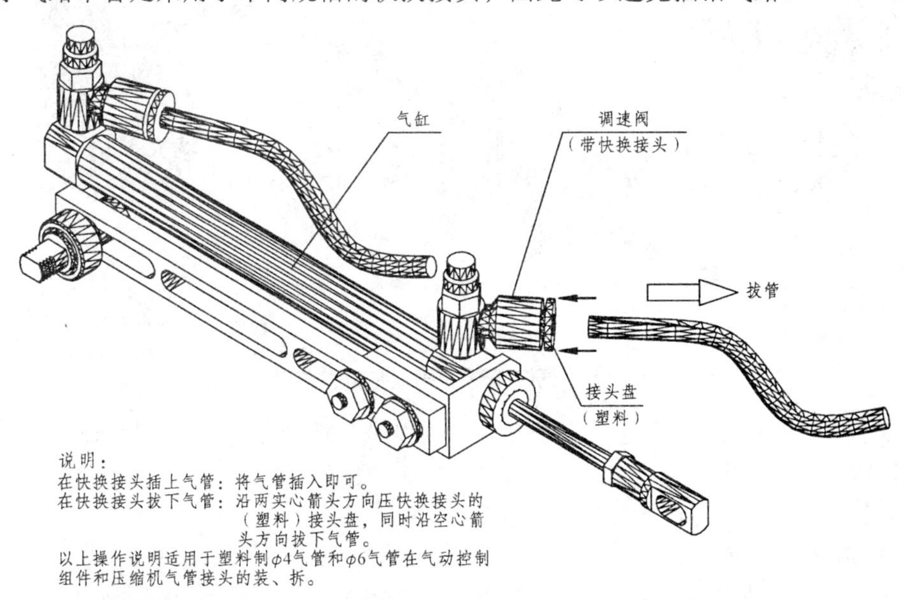

图 5.54　快换接头装、拆气管（气缸组件的第一种安装结构，气缸上安装了调速阀）

（4）气缸组件的安装和调整。

① 气缸组件的第一种安装结构（见图 5.54）。

由 L 形气缸座、前述构件杆和从动铰链组合。组装的过程是：选择适当长度的构件杆，在该构件杆的一端安装一个从动铰链；用两颗 M5×12 螺栓不加垫圈穿过 L 形气缸座的孔和构件杆另一端的长孔后加垫圈旋上螺母，将 L 形气缸座与构件杆固结为一体；气缸的活塞杆及缸筒前端外螺纹伸过 L 形气缸座的孔，先后旋上 M8×1 圆螺母和活塞杆接头，拧紧；又用活塞杆接头的长形孔与其他构件铰链连接。活塞杆相对于缸筒伸缩，该组件成为变杆长的“二铰链杆”。此结构的优点是简单，缺点是占据层面间距 4S。

② 气缸组件的第二种安装结构（见图 5.55）。

由法兰、撑杆和气缸铰链组合。组装的过程是：选择适当长度的两根撑杆，一端穿过法兰的两个孔，另一端穿过气缸铰链的两个孔，杆、孔相对滑动可以调整法兰和气缸铰链之间的距离，两者螺孔中各旋有 2 个 M5×8 螺栓将其与撑杆顶紧固结为一体。气缸的活塞杆及缸筒前端外螺纹伸过法兰的孔，先后旋上 M8×1 圆螺母和活塞杆接头，拧紧；此时气缸的缸筒卧置于气缸铰链体的通槽中，此二者与法兰、撑杆成为一个构件；又用活塞杆接头的长形孔与其他构件铰链连接。活塞杆相对于缸筒伸缩，该组件也成为变杆长的“二铰链杆”。此结构的优点是仅占据层面间距 2S，缺点是较复杂。

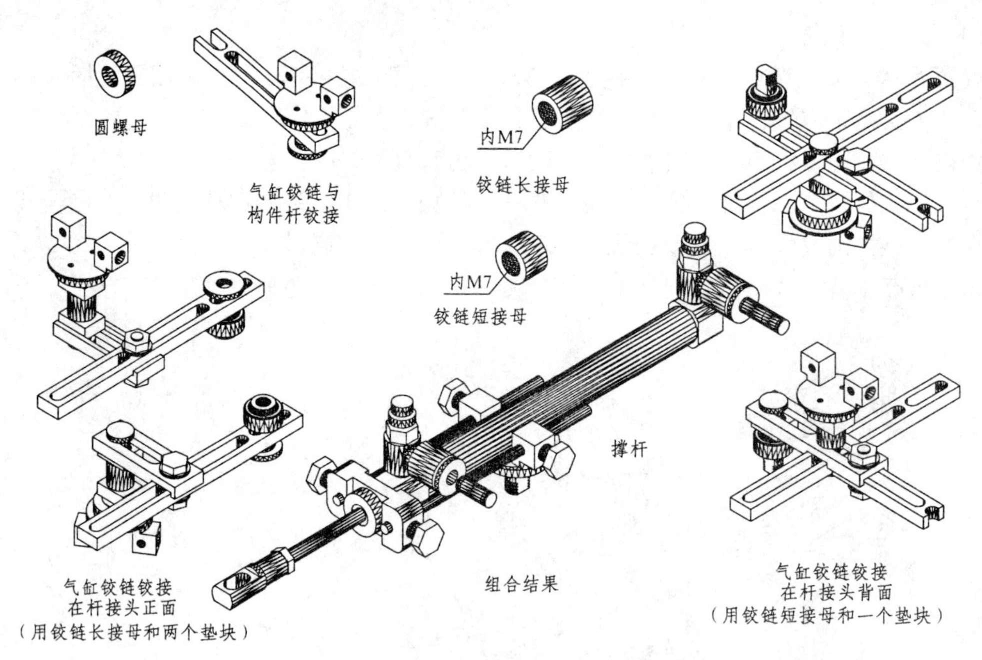

图 5.55 气缸组件的第二种安装结构

取图 5.51（d）所示的调速阀两只，如图 5.54 和图 5.55 所示，分别将其 M5 外螺纹旋入气缸筒两端侧面的 M5 螺孔。过松漏气，过紧难拆，应松紧适度。

（5）气缸驱动控制（见图 5.56）。

如（2）和（4）处所示，为了叙述方便，将气缸筒头部活塞杆伸出端和三位五通电磁换向阀 2 上距电源插口较远端称为 Q 端，将气缸筒尾部和三位五通电磁阀 2 上距电源插口较近端称为 P 端。

如（5）处所示，气动控制组件上左、右两个电源插口 1 分别对应于左、右两个三位五通电磁换向阀 2。

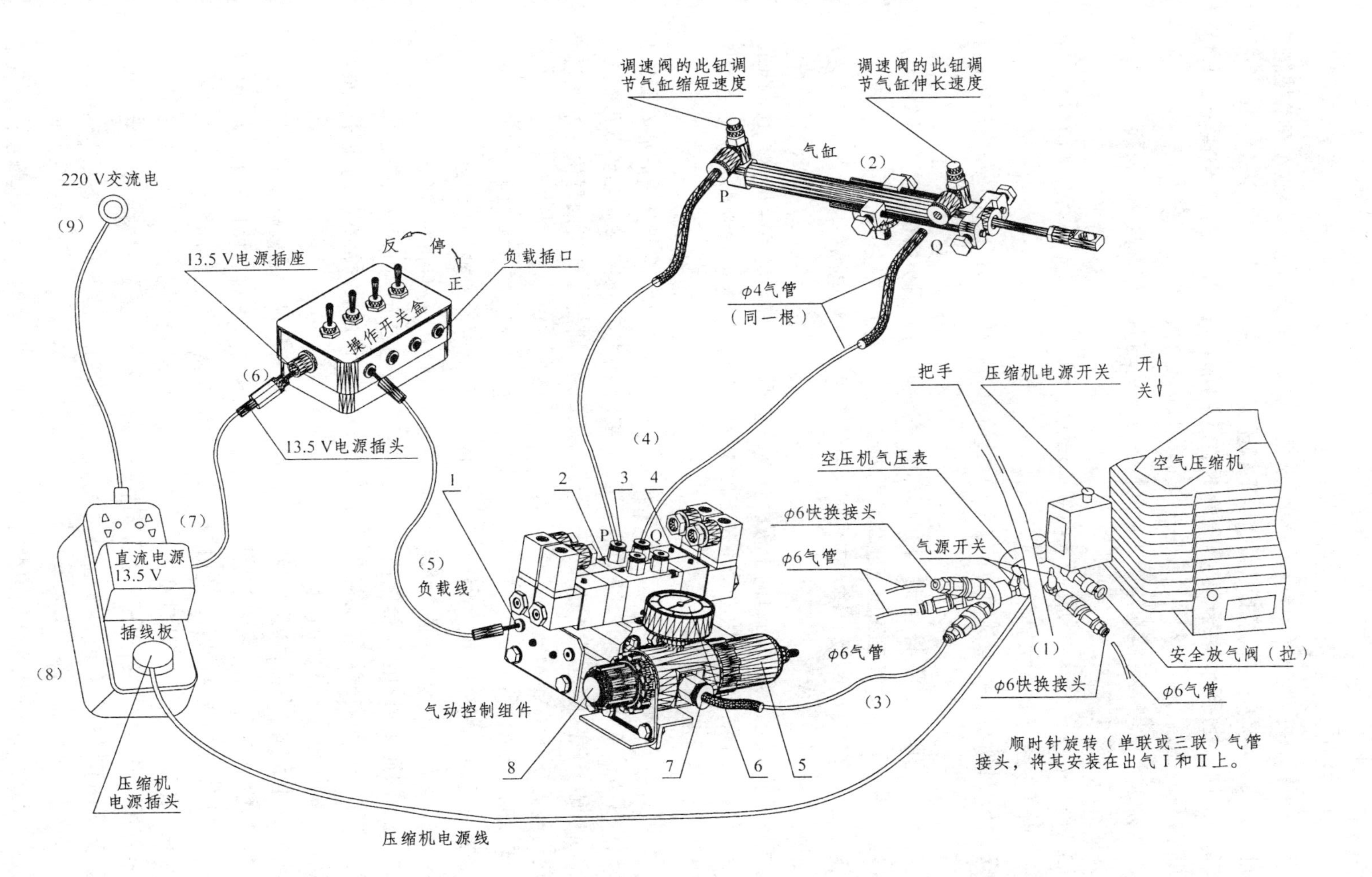

1—负载插口（2个，分别与2个电磁阀对应）；2—三位五通电磁阀（2个）；3—ϕ4气管快换接头（2×3=6个）；4—手动单端气开关；5—过滤减压二联件；6—工作气压表（调至0.4~0.5 MPa）；7—ϕ6进气管快换接头；8—工作气压调节旋扭（须向外拔才可转动）

图5.56　气动系统示意图

气缸的驱动和控制按图 5.56 所示步骤进行：

① 在（1）处，关闭空气压缩机的气源开关。

② 如（3）处所示，将 $\phi 6$ 气管一端插入空气压缩机的快换接头，另一端插入气动控制组件进气口即过滤减压二联件 5 的快换接头 7（以下叙述省略“快换接头”4 字）。

③ 如（2）和（4）处所示，将一根 $\phi 4$ 气管两端分别插入气缸和三位五通电磁阀 2 的 Q 端，将另一根 $\phi 4$ 气管两端分别插入气缸和三位五通电磁阀 2 的 P 端。

可以用 M5 呆扳手把持调速阀本体，转动其快换接头的朝向，使气缸处的快换接头和 $\phi 4$ 气管避免与其他零部件发生干涉。

④ 如（5）（6）处所示，将负载线一端的插头插入气动控制组件上的负载插口 1，另一端的插头插入操作开关盒上的负载插口。

⑤ 如（7）（6）处所示，将直流电源的 13.5 V 直流电输出插头插在操作开关盒的电源插座上。

⑥ 如（7）（8）处所示，将该直流电源的 220 V 交流电输入插头插在交流电插线板上。

⑦ 如（1）（8）处所示，将空气压缩机的电源插头插在交流电插线板上。

⑧ 如（9）处所示，将插线板的输入电源插头插在 220 V 交流电源插座上。开启插线板的电源开关通电。

⑨ 将空气压缩机的电源开关圆钮向上拔，让空压机通电充气。必须注意空气压缩机的气压表所显示的储气罐中的实际气压必须小于 0.8 MPa。（否则有危险！须立即将电源开关圆钮向下压断电，并放气泄压。）

⑩ 若第⑨步骤正常，开启空气压缩机的气源开关，压缩空气被过滤并减压后涌入三位五通电磁阀 2，气压表 6 会显示电磁阀内的工作气压。必要时稍用力将旋钮 8 拔出约 3 mm 再旋转，可以在空压机输出气压的范围内调节工作气压。调节完毕将旋钮 8 推回复位。本实验仪的工作气压应调整在 0.45～0.6 MPa。

⑪ 拨动操作开关盒的拨柄：“正”位——活塞杆向缸筒外运动，气缸伸长；“反”位——活塞杆向缸筒内运动，气缸缩短；放松时“停”位——气缸不伸缩或停止伸缩。

如果需要气缸活塞杆反方向伸缩，可以将气缸连通电磁阀 P、Q 端的两根气管互换位置。

⑫ 捻旋气缸上的调速阀的圆钮螺旋调节气流量，可以在一定范围内调整气缸活塞杆的伸缩速度。注意：气流量过小时气缸不能驱动；尚未调速或气流量过大时活塞杆的速度会很快，要避免快速运动的构件碰到人的脸部！

由于缸筒两端对活塞的限位，因而气缸具有行程——最长和最短的极限长度。操作开关盒的拨柄在“正”位或“反”位时，气缸伸长或缩短到其极限长度就会停止伸缩；如果气缸原来就处于极限长度，则气缸不伸缩，此时应该反向拨动拨柄让气缸反向缩伸。

由于不存在“绝对密封”，拨柄处在“停”位时，工作阻力可能会推动气缸缓缓伸缩。如果想要气缸克服工作阻力保持极限长度，则拨柄须保持在“正”位或“反”位。由于气体的性质，拨柄回复“停”位时，气缸的伸缩不会立即停止，工作阻力越大这种惯性越明显。

微型气缸由于横截面小，因而伸缩速度较快。气动手册和厂家的产品样本都给出了气缸最大、最小速度的具体数值。一旦发生继续调小气流量气缸就不动的现象，则表明气缸速度无法调得更小。气缸的实际的最小速度与其工作阻力有关。工作阻力较小时，捻旋调速阀容易将气缸速度调得较小，“停”位时的惯性滑行距离也较短；工作阻力较大时，尽可能调小气缸速度也许仍然嫌快，“停”位时的惯性滑行距离也较长，往往是气缸已达极限长度时才停住。这些不尽如人意之处实为现有气动技术所限。

过载时气缸不动，无不良后果。可以拔出气管卸载。

8. 空气压缩机及其辅件的使用（见图 5.57）

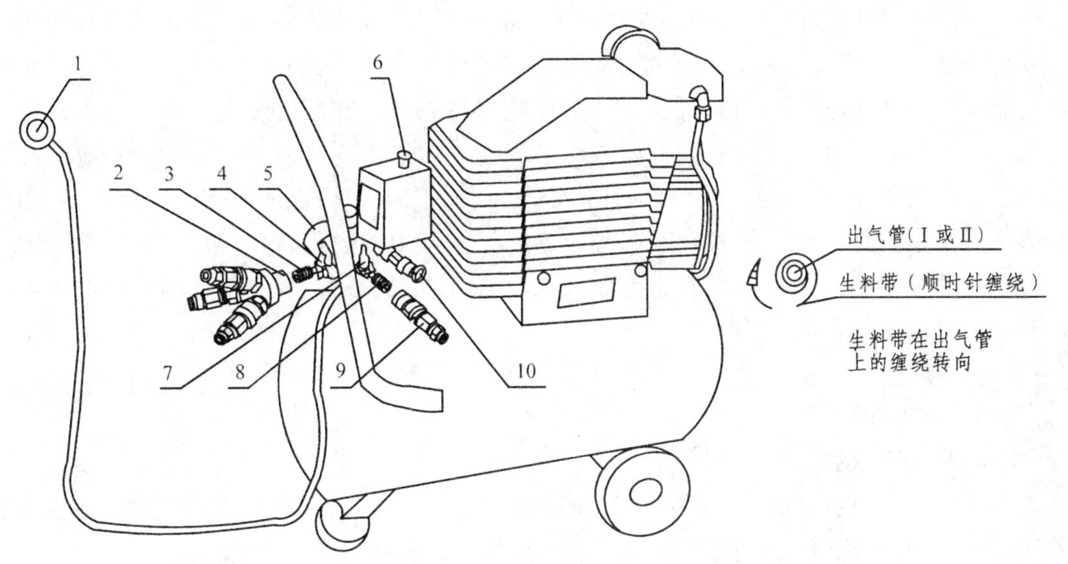

1—动力电源插头（220 V）；2—三联气管接头座（选用）；3—出气管Ⅰ；4—气源开关Ⅰ；
5—储气罐压力表（<0.5 / =0.7 MPa时自动 开始 / 停止 充气）；6—电源开关（开：向外拉；关：向里压）；
7—气源开关Ⅱ；8—出气管Ⅱ；9—单联气管接头座（选用）；
10—安全放气阀（放气向外拉）

图 5.57 空气压缩机和气管接头

本部分实验应由教师指导，学生只需开启、关闭电源开关和气源开关。

(1) 电源开关 6 和电源插头 1。

电源开关圆钮 6 向上（外）拉起为接通电源，向下（里）压低为断开电源。空气压缩机所需电源为交流 220 V，其电源插头 1 与一般家用电器相同。

(2) 气源开关 4 和 7。

空气压缩机的气源开关有两类。第一类为旋钮式，顺时针旋转为减小供气量直到关闭气源，逆时针旋转为开启气源及增大供气量；第二类为套筒式，向里移向机体为关闭气源，向外移为打开气源。打开气源开关 4 和（或）7，则压缩空气从出气管 3 和（或）8 喷出。

(3) 在出气管上安装接头座。

空气压缩机一般有两个出气管 3 和 8，其外端带有 1/4 英寸管螺纹。在出气管的螺纹上沿螺母旋进转向缠裹一至两层生料带(注意生料带不可超出螺纹口端面，以免其碎屑进入气管)，然后将接头座 2 和（或）9 旋转安装在出气管上。

(4) 接头座、接头体和快换接头。

接头座一般有 1 ～ 3 个带有套筒的弹卡式气口。每个气口安放一个接头体，接头体的一

端组装了 $\phi6$ 快换接头。将接头座的套筒向里拨，并将接头体的另一端，也就是锥形端插入接头座的弹卡式气口，再将套筒向外拨回原位，则接头体与接头座成为一体，既不会自行脱离，也不会漏气。此时接头体上的快换接头成为空气压缩机的 $\phi6$ 管快换接头。需要将接头体与接头座分开时，只要将接头座的套筒向里拨，接头体即可弹出。

(5) 额定气压和安全事项。

空气压缩机的额定气压为 0.8 MPa（8 kgf/cm^2）。必须注意空气压缩机的气压表所显示的储气罐中的实际气压，万一超过额定气压是有危险的！完好的空气压缩机接通电源后，当实际气压小于 0.4 MPa 时，会自动通电运转充气；实际气压升高至额定气压时，会自动断电停止充气；否则必须调整或修理。空气压缩机还具有另一项安全措施，实际气压高于额定气压时，安全阀会自动开启放气降低气压。必须定期检查安全阀是否完好，方法是用手指钩住安全阀的拉环稍向外拉，如果用不大的力可以使其放气则正常；如果用力拉不动也即不能使其放气则安全阀失灵，必须修理。建议将空气压缩机自动断电停止充气的气压调整在 0.7 MPa 。

(6) 保养、润滑、小故障的排除及其他事项。

详见厂家提供的说明书。

(7) 压缩空气的输出。

在空气压缩机的出气管上安装了接头座但未安装接头体时，弹卡式气口封闭，即使开启了气源开关，压缩空气也不能喷出；安装接头体后，压缩空气才可喷出。

气动系统断电几小时再通电时，会出现过滤减压二联件 5 的尖端冒气（不是漏气）而空压机过长时间充气却达不到额定气压的现象。此时应该先关闭空气压缩机的气源开关，充气达到额定气压后再开启气源开关。

八、机构组装例图

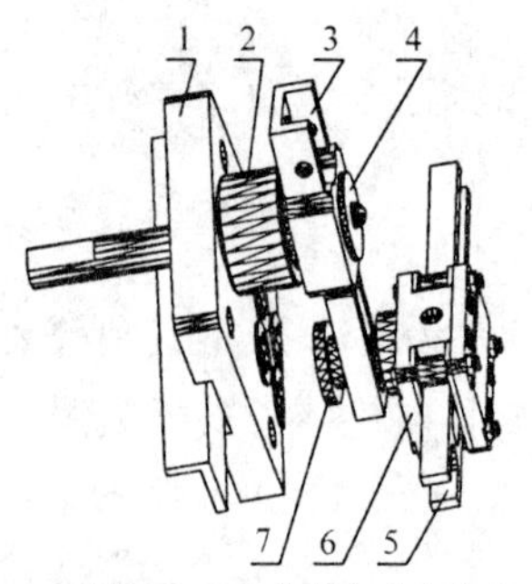

1—基板；　2—单层主动定铰链；
3—曲柄杆；　4—挡片和M4×8螺钉；
5—构件杆；　6—带铰滑块；
7—铰链螺母

图 5.58　曲柄杆与带铰滑块铰链连接

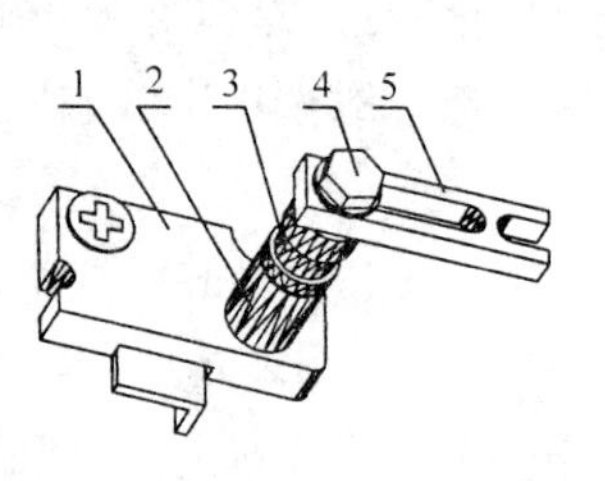

1—基板；
2—零个至五个4#支承；
3—一个1#或2#支承；
4—M5×12螺栓和ϕ5垫圈各一个；
5—用作导路杆的构件杆

图 5.59　导路杆的一端与基板固结

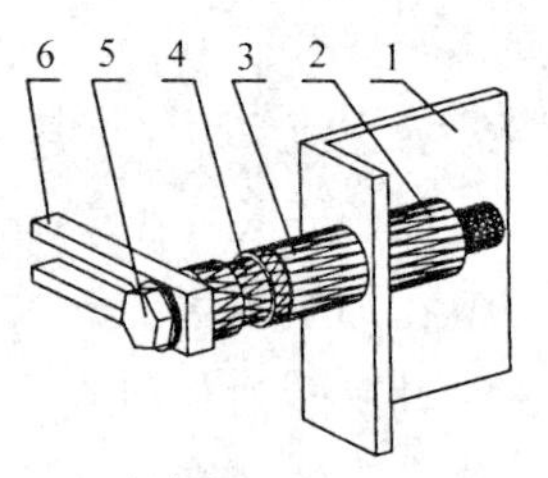

1—机架框；
2—一个4#支承作螺母；
3—零个至五个4#支承；
4—一个1#或2#支承；
5—M5×10螺栓和ϕ5垫圈各一个；
6—用作导路杆的构件杆

图 5.60　导路杆的一端与机架框固结

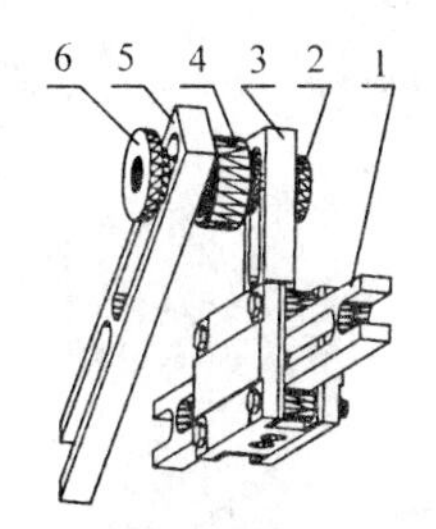

1—构件杆;
2—铰链螺钉或小帽铰链螺钉;
3—偏心滑块;
4—活动铰链;
5—构件杆;
6—铰链螺母

图 5.61 偏心滑块与构件杆铰链连接

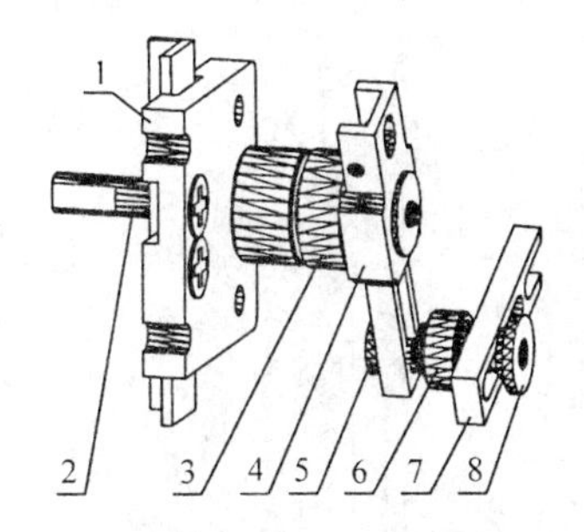

1—基板; 2—双层主动定铰链;
3—齿凸垫套;　4—曲柄杆;
5—铰链螺钉或小帽铰链螺钉;
6—活动铰链;　7—构件杆;
8—铰链螺母

图 5.62 曲柄杆与构件杆铰链连接

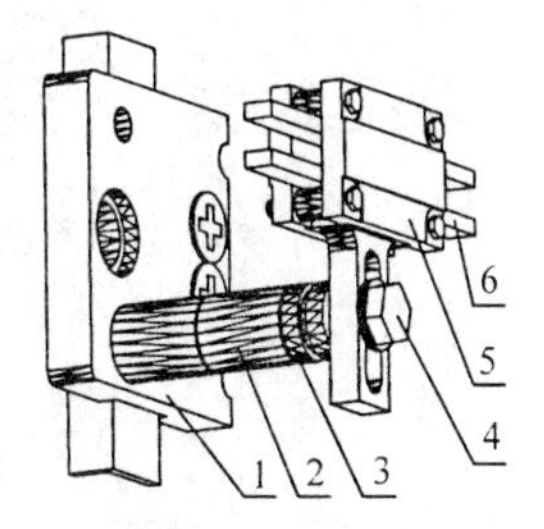

1—基板;
2—零个至五个4#支承;
3—3#支承;
4—M5×10螺栓和ϕ5垫圈各一件;
5—偏心滑块;
6—构件杆

图 5.63 单偏滑固定导路孔的组装

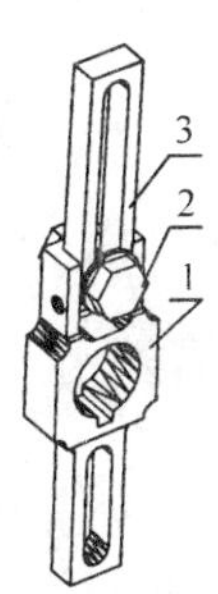

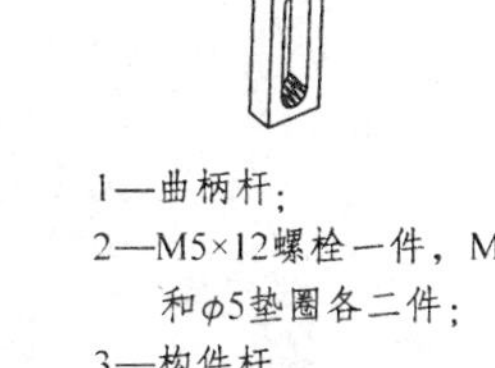
1—曲柄杆;
2—M5×12螺栓一件，M5螺母和ϕ5垫圈各二件;
3—构件杆

图 5.64　主动转杆加长的一种方法

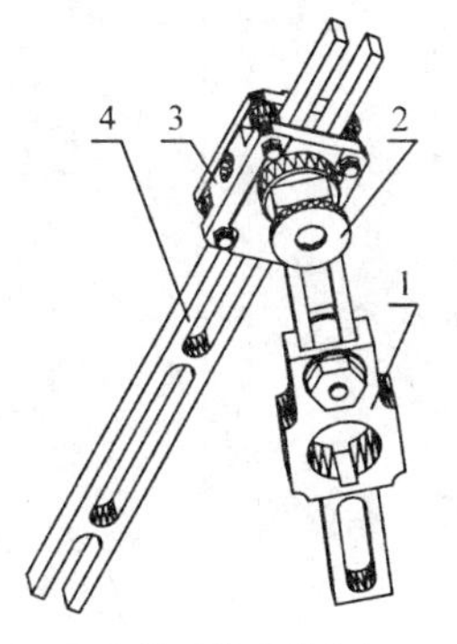

1—加长了的主动转杆;
2—铰链螺母;
3—带铰滑块;
4—构件杆

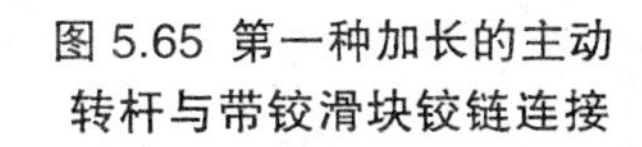
图 5.65 第一种加长的主动转杆与带铰滑块铰链连接

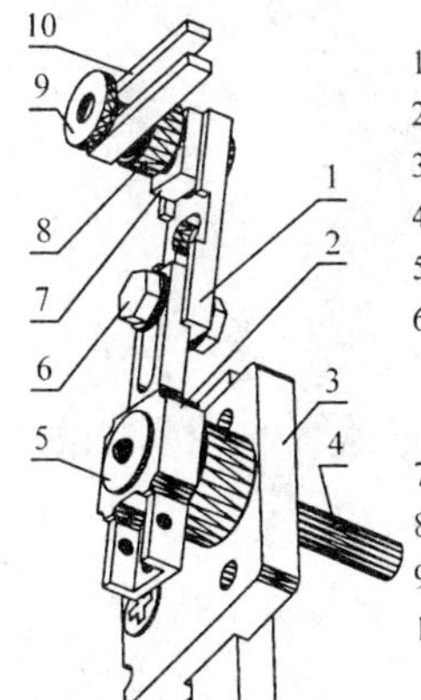

1—杆接头Ⅲ;
2—曲柄杆;
3—基板;
4—单层主动定铰链;
5—挡片和M4×8螺钉;
6—M5×12螺栓一件，M5螺母和ϕ5垫圈各二件;
7—垫块;
8—活动铰链;
9—铰链螺母;
10—构件杆

图 5.66　第二种加长的主动转杆与构件杆铰链连接

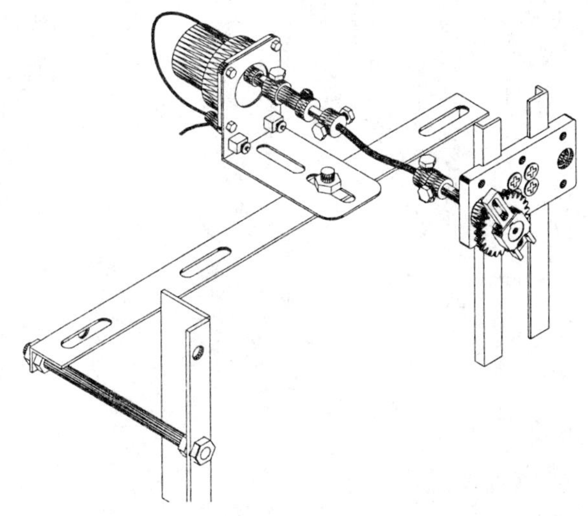

图 5.67　电机安装方法 1（前视）

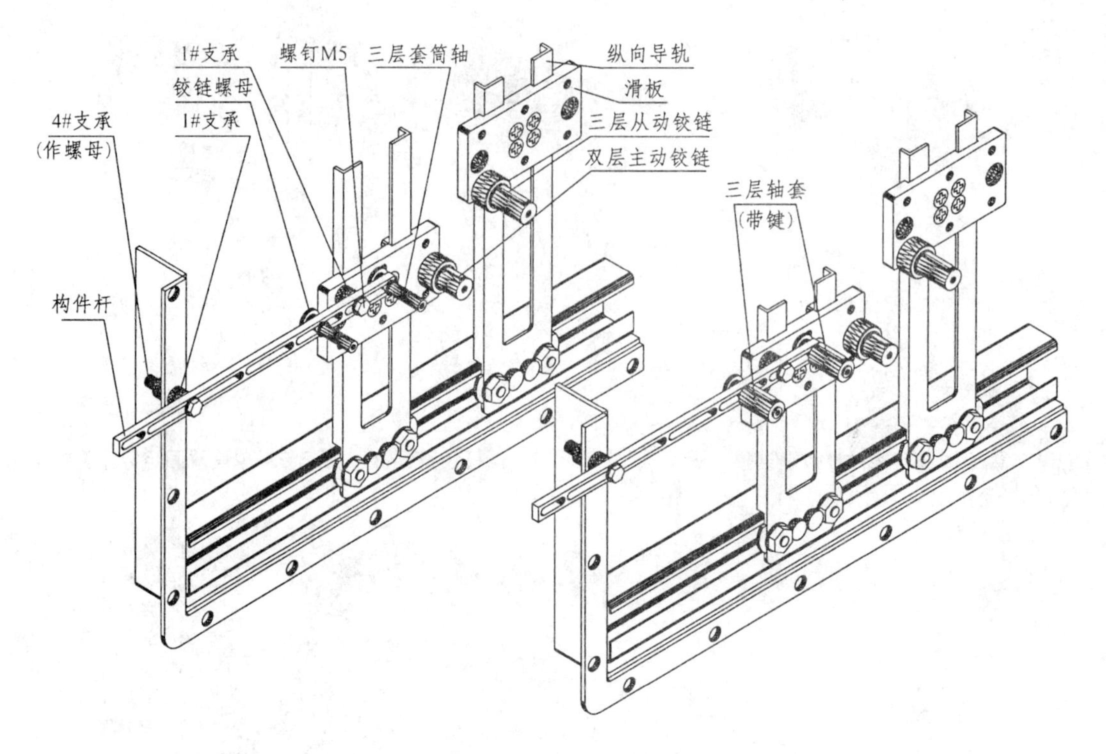

(a)组装时调整中心距 a 并固定轴的位置 (b)装上轴套

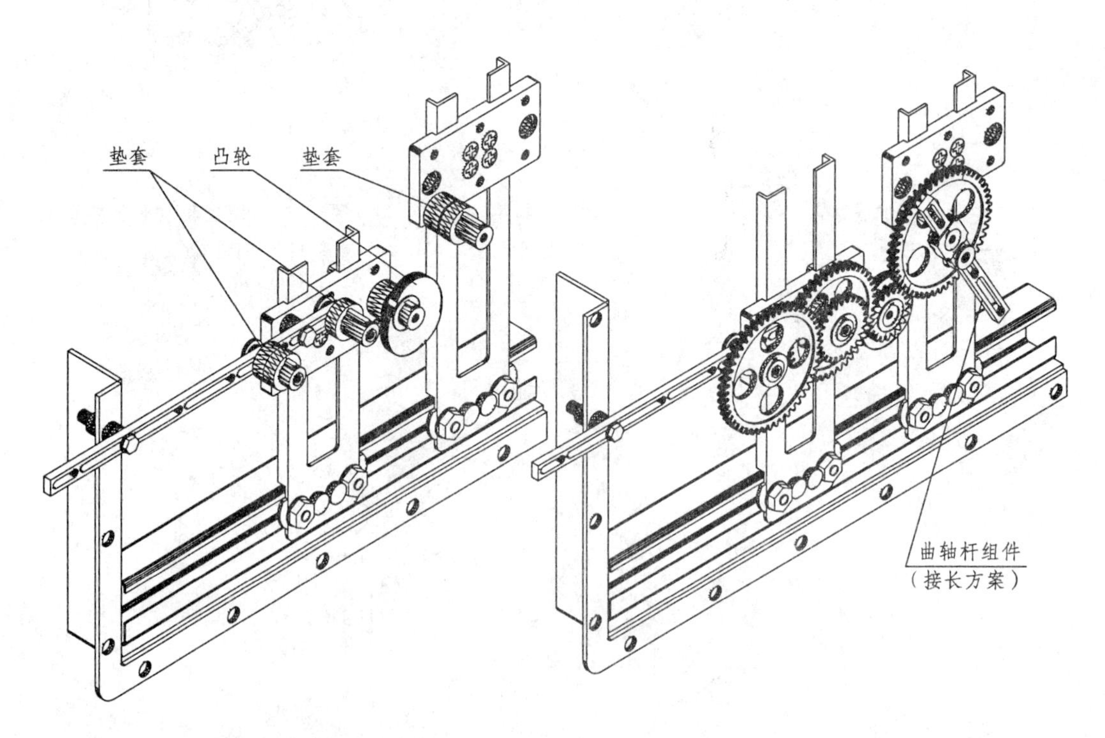

(c)装上凸轮和齿凸垫套 (d)装上齿轮和曲柄杆组件(必要时轴端装挡片)

图 5.68 机构 1 多级啮合定轴轮系(带凸轮和转杆)的一种组装方法

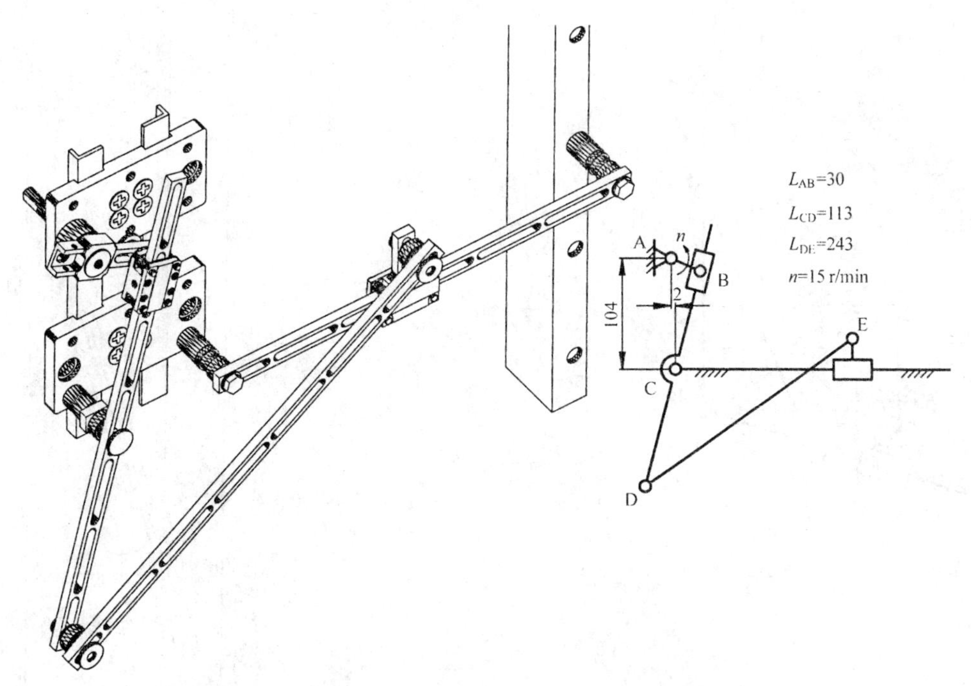

图 5.69　机构 2（六杆）的运动简图、参数及实际组装

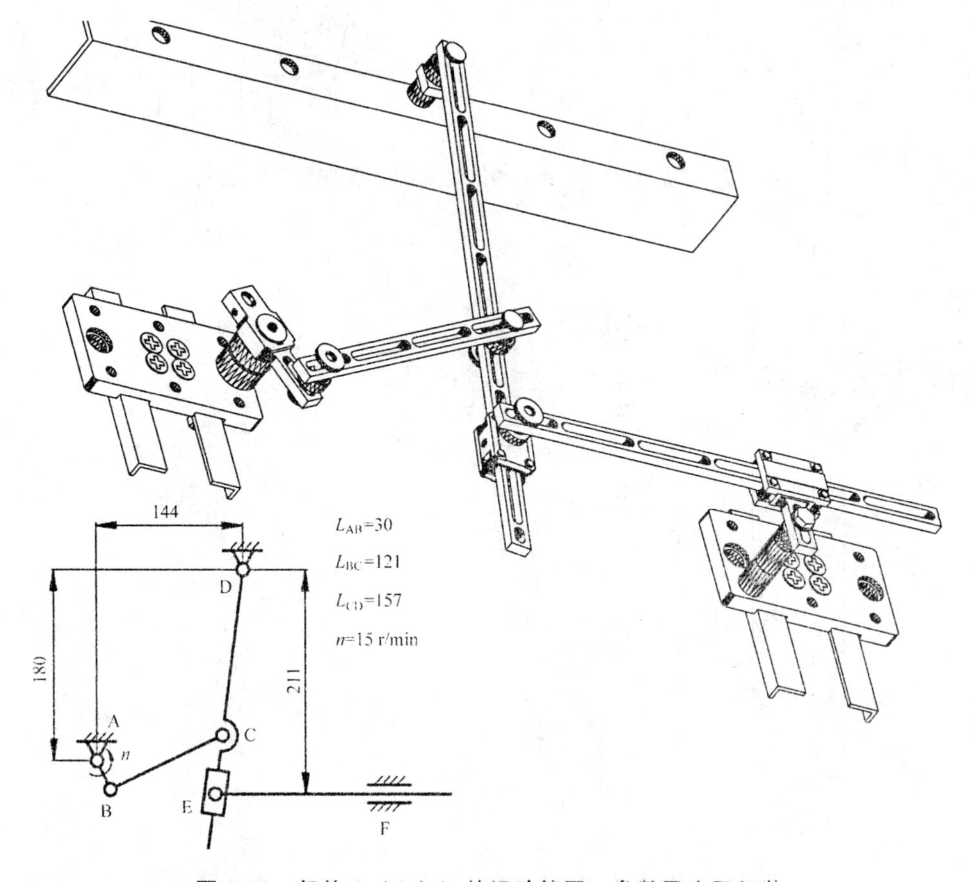

图 5.70　机构 3（六杆）的运动简图、参数及实际组装

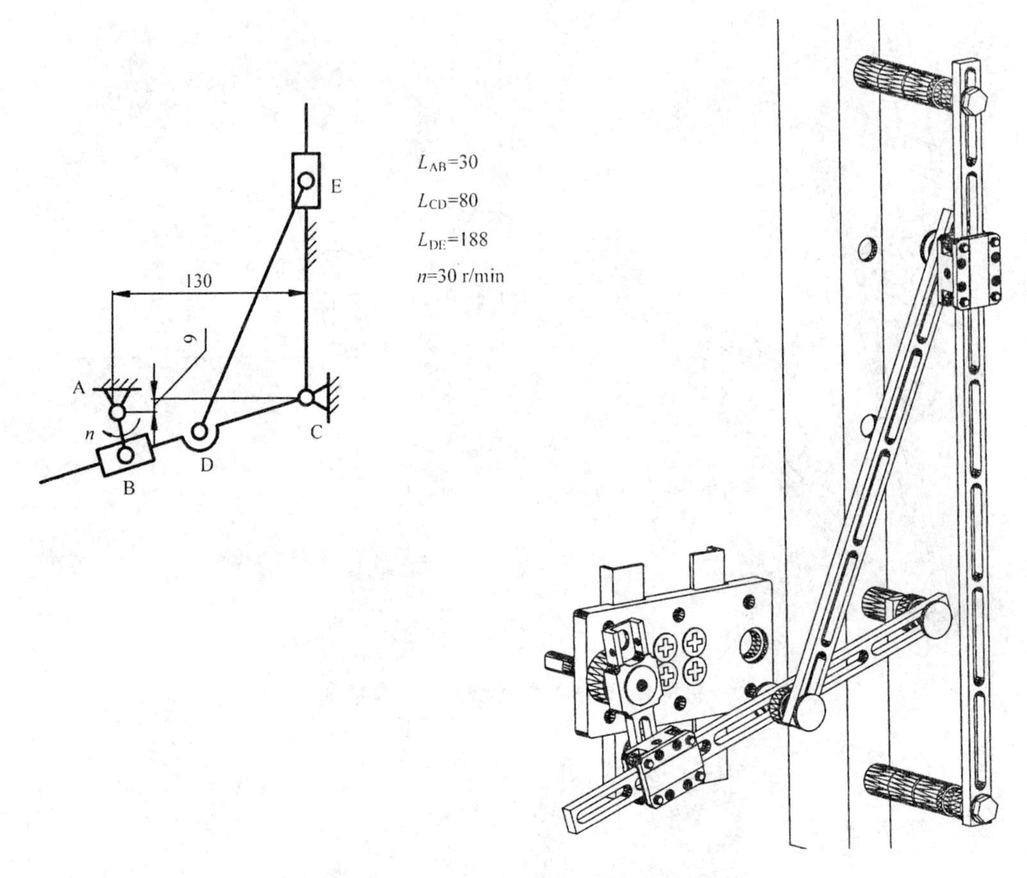

图 5.71 机构 4（六杆）的运动简图、参数及实际组装

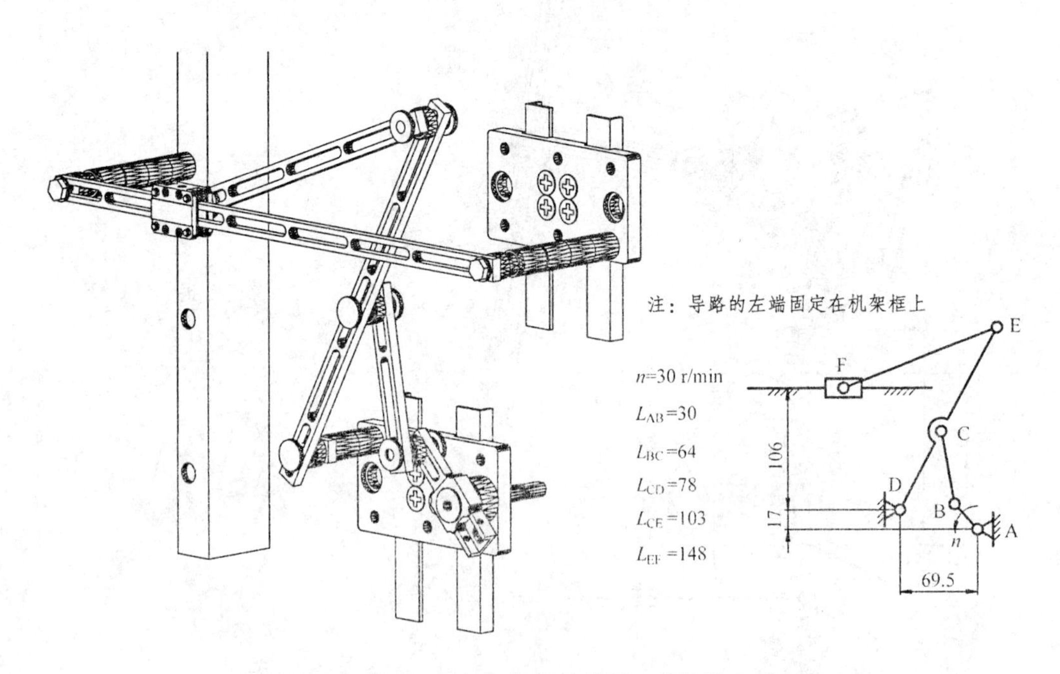

图 5.72 机构 5（六杆）的运动简图、参数及实际组装

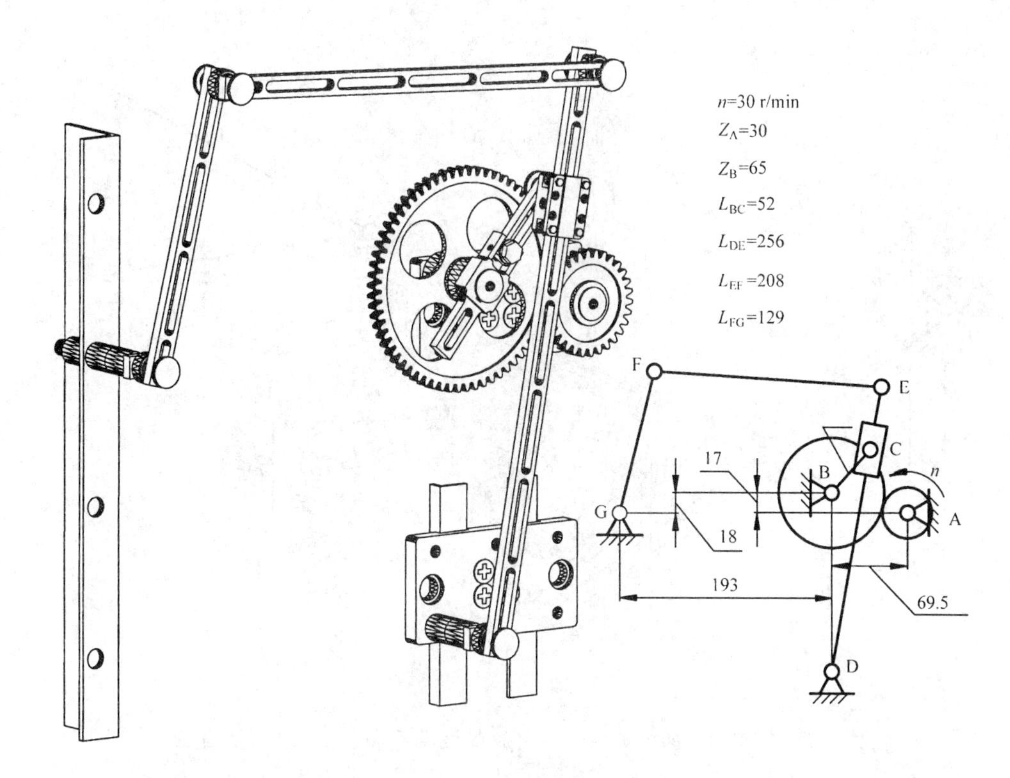

图 5.73 机构 6（齿轮，六杆）的运动简图、参数及实际组装

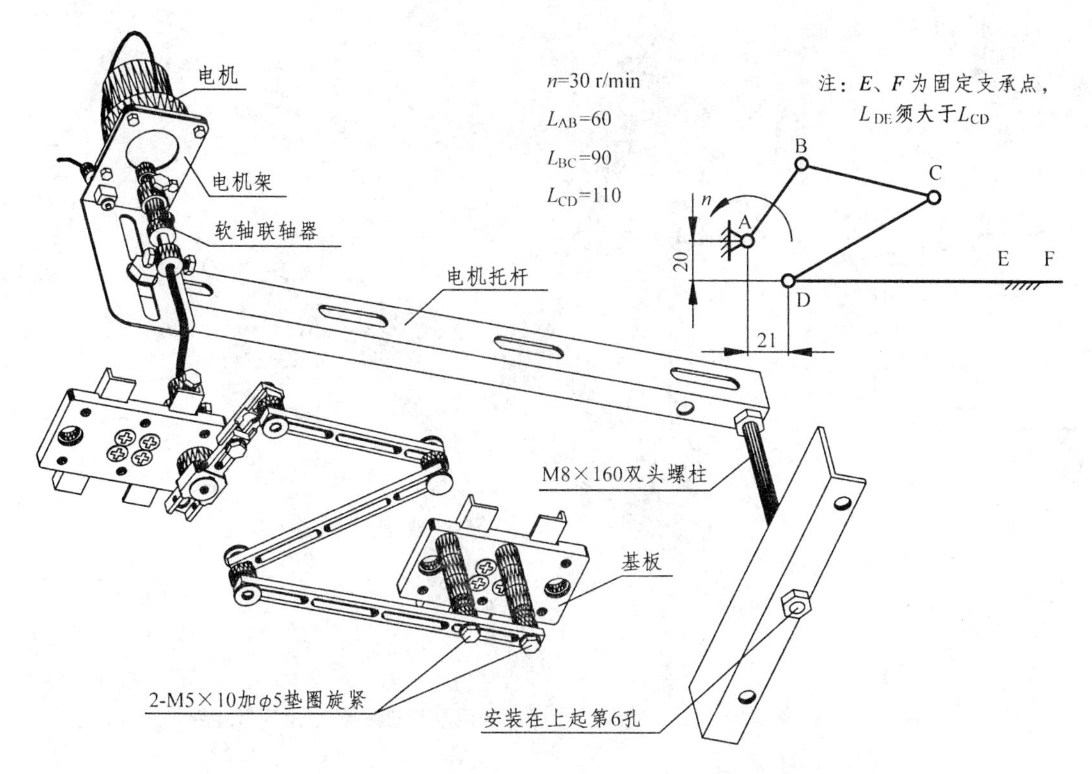

图 5.74 机构 7（双曲柄，四杆）的运动简图、参数及实际组装

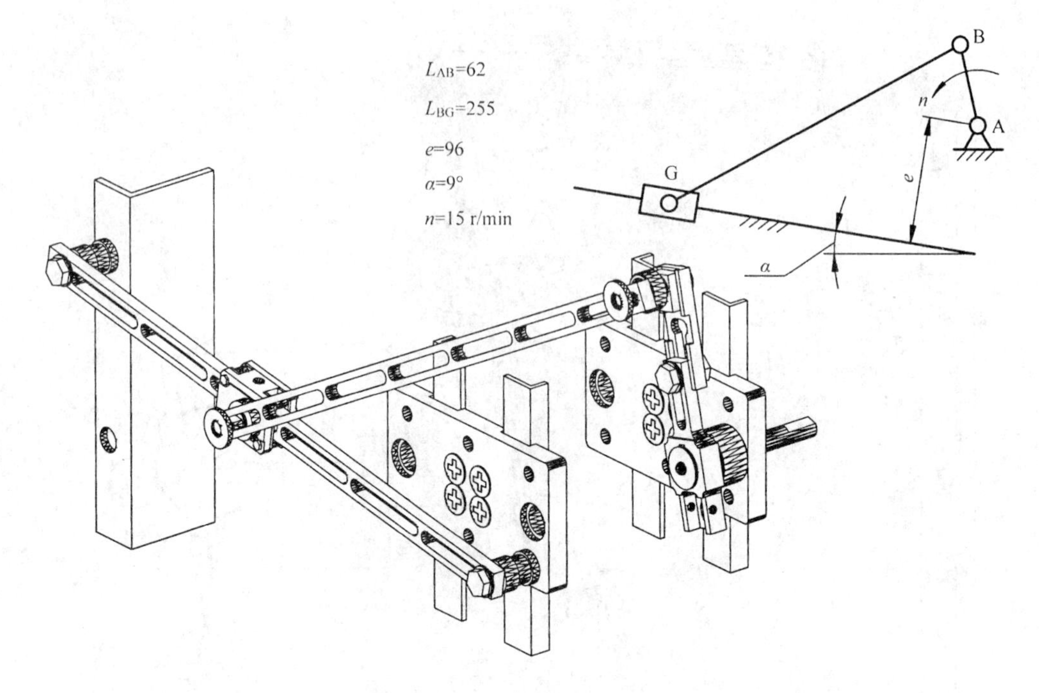

图 5.75 机构 8（曲柄滑块，四杆）的运动简图、参数及实际组装

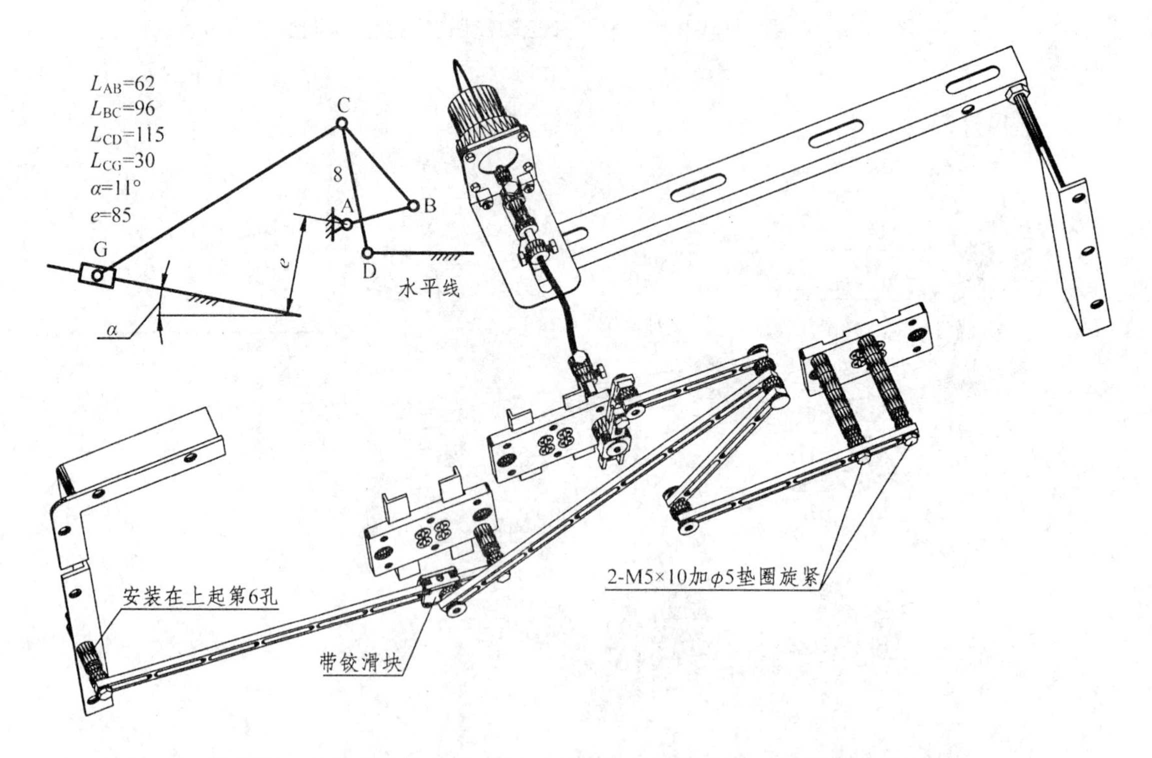

图 5.76 机构 9（双曲柄-滑块，六杆）的运动简图、参数及实际组装

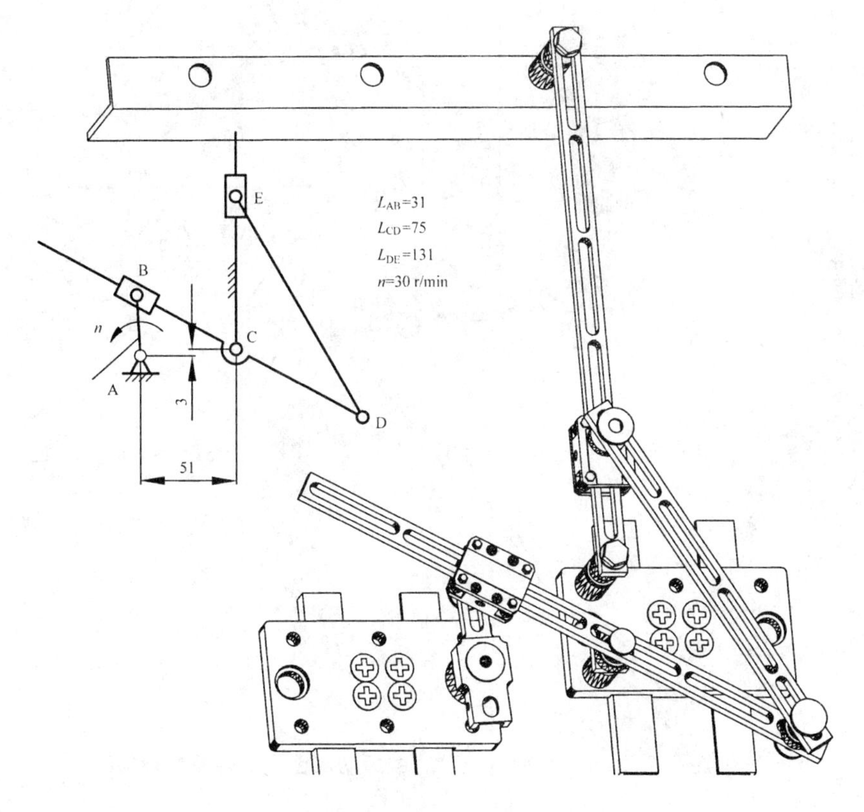

图 5.77　机构 10（六杆）的运动简图、参数及实际组装

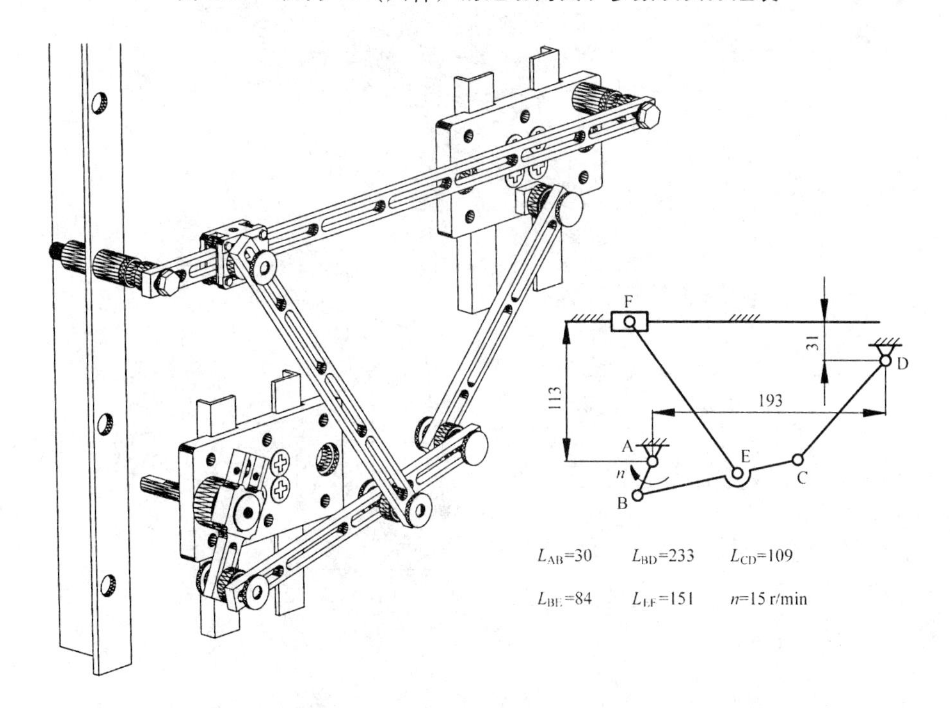

图 5.78　机构 11（六杆）的运动简图、参数及实际组装

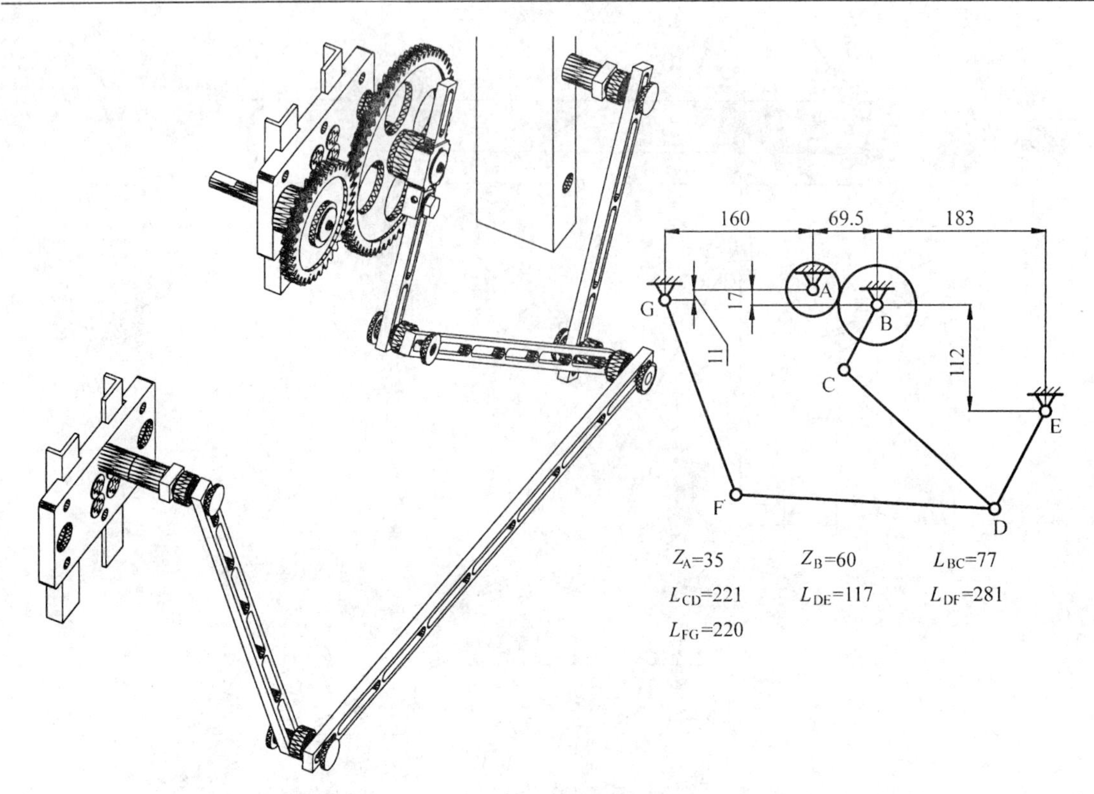

图 5.79 机构 12（齿轮，六杆）的运动简图、参数及实际组装

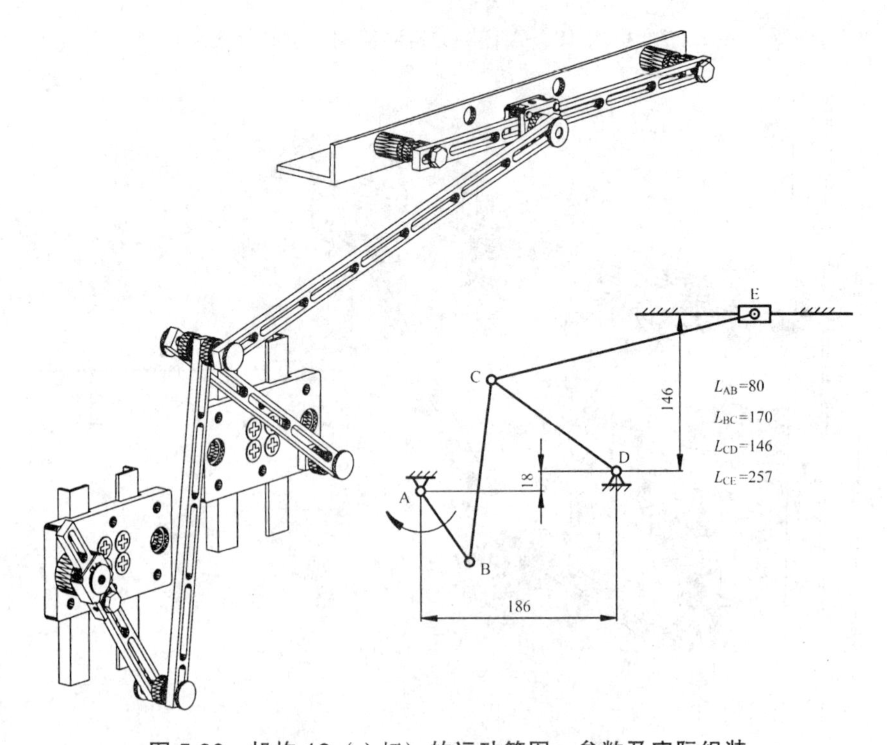

图 5.80 机构 13（六杆）的运动简图、参数及实际组装

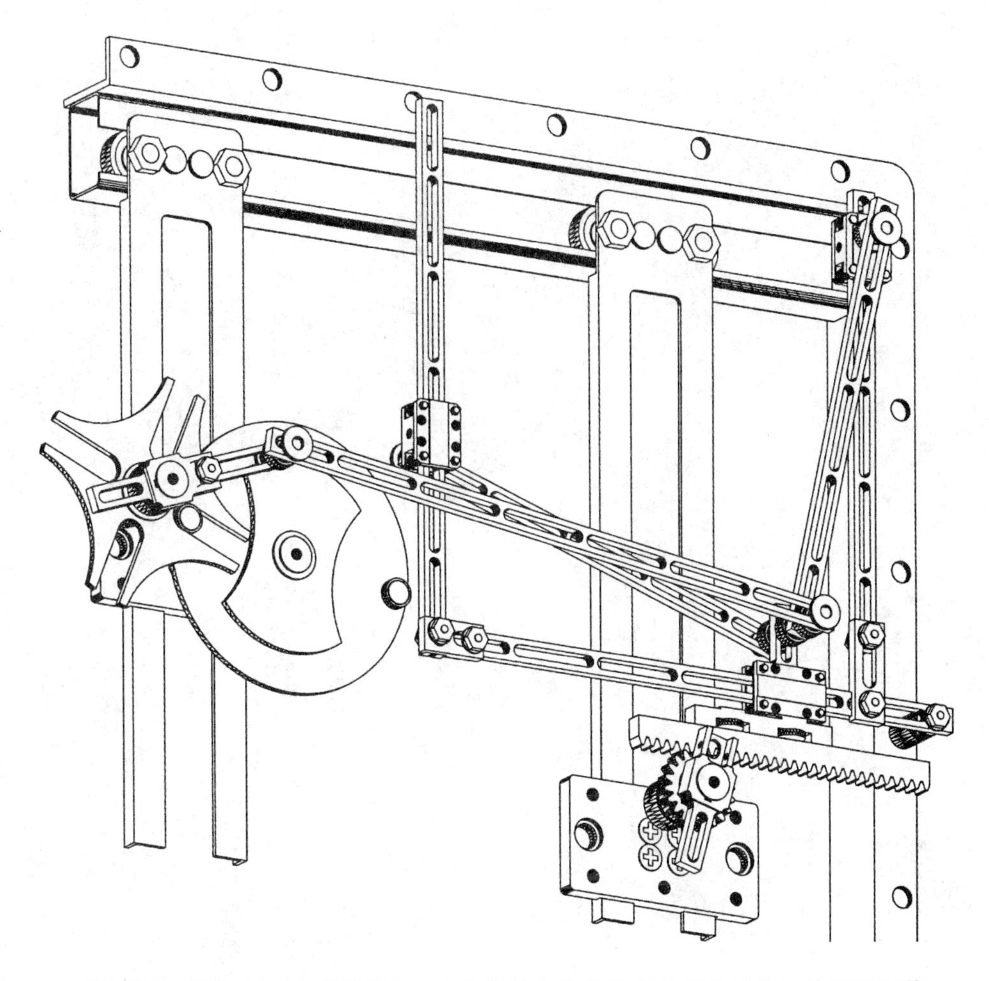

图 5.81 机构 14（含槽轮拨盘、3 个滑块和齿轮齿条的组合机构）的实际组装

附录　实验报告

姓名________　　班级________　　学号________　　实验日期______年___月___日

实验 1　运动副的认知实验

1. 运动副的种类

（1）计算机模拟运动副时，要仔细观察机构的运动，区分各个运动单元，进而确定组成机构的构件数目；根据相互连接的两构件间的接触情况及相对运动的特点，确定各个运动副的种类。

（2）在 CAD 软件上按一定比例尺，从原动件开始，逐步画出机构运动简图，用数字 1、2、3…分别标注各构件，用拉丁字母 A、B、C、…分别标注各运动副。

（3）确定机构名称、计算机构自由度数，并将结果与实际机构的自由度相对照，观察计算结果与实际情况是否相符。

（4）观察实物运动时确定实物、模型所提供的运动副的属性，并对运动副的加工、安装、受力等方面进行分析和比较。

2. 实物螺旋副

头　数	升　角	中　径	螺　距	导　程

螺母相对螺杆的运动关系：____

____。

3. 思考题

（1）构件的结构与运动副的属性之间有什么关系？

（2）运动副的结构设计应当考虑哪些问题？

（3）在中径、节距相同的情况下，不同头数的螺旋副的相对运动关系是否相同？

姓名________　　班级________　　学号________　　实验日期______年___月___日

实验2　机构运动简图的测绘（机械类各专业）

1. 偏心摇杆机构　　　　比例尺$\mu_L =$　　m/mm

机构运动简图　　　　自由度计算：$n=$

$P_L=$

$P_H=$

$F=$

2. 偏心摇块机构　　　　比例尺$\mu_L =$　　m/mm

机构运动简图　　　　自由度计算：$n=$

$P_L=$

$P_H=$

$F=$

3. 缝纫机脚踏板摇杆曲柄机构　　　　比例尺$\mu_L =$　　m/mm

机构运动简图　　　　自由度计算：$n=$

$P_L=$

$P_H=$

$F=$

姓名________　　班级________　　学号________　　实验日期______年___月___日

实验 2　机构运动简图的测绘（非机械类各专业）

1. 偏心摇杆机构

机构运动简图

比例尺μ_L=　　m/mm

自由度计算：　n=

P_L=

P_H=

F=

2. 偏心摇块机构

机构运动简图

比例尺μ_L=　　m/mm

自由度计算：　n=

P_L=

P_H=

F=

3. 偏心导杆机构

机构运动简图

比例尺μ_L=　　m/mm

自由度计算：　n=

P_L=

P_H=

F=

4. 思考题

(1) 分别叙述每个机构运动简图中每两个杆件组成什么运动副？并请定性说明各运动副的运动范围。

(2) 何谓机构运动简图，它的功用是什么?

(3) 机构自由度计算时应注意哪些事项?

姓名________　　班级________　　学号________　　实验日期______年___月___日

实验 3　机构组成原理与自由度

1. 由计算机的动态演示，高副低代后的连杆机构为________级机构

在当前瞬时，（填写“相同”或“不同”）:

（1）凸轮机构从动件位移与高副低代后的连杆机构从动件位移________________。

（2）凸轮机构从动件速度与高副低代后的连杆机构从动件速度________________。

（3）凸轮机构从动件加速度与高副低代后的连杆机构从动件加速度________________。

2. 观察计算机动态演示的三个机构后填空

（1）该四杆机构有__________个机架，有__________个活动构件，有___________个原动件，有_________个从动件，有__________个低副，有___________个高副，有___________个Ⅱ级杆组，有_________个Ⅲ级杆组，有_________个Ⅳ级杆组，有_________个自由度。

（2）该六杆机构有__________个机架，有__________个活动构件，有___________个原动件，有_________个从动件，有__________个低副，有___________个高副，有___________个Ⅱ级杆组，有_________个Ⅲ级杆组，有_________个Ⅳ级杆组，有_________个自由度。

（3）该八杆机构有__________个机架，有__________个活动构件，有___________个原动件，有_________个从动件，有__________个低副，有_________个高副，有_____________个Ⅱ级杆组，有_________个Ⅲ级杆组，有_________个Ⅳ级杆组，有_________个自由度。

3. 观察计算机动态演示后填空（前三项填写“都有确定的运动”或“没有确定的运动”或“不能运动”）

（1）以任意一个构件为主动件时，该五杆机构的各个构件________________________。

（2）以两个构件为主动件时，该五杆机构的各个构件____________________________。

（3）以三个构件为主动件时，该五杆机构的各个构件____________________________。

（4）可以判断该机构的自由度为____。

4. 思考题

（1）① 高副低代是唯一的吗？② 从高副低代分析，在凸轮机构的整个运动过程中，高副机构与高副低代后的机构有何异同？③ 分析为什么可以用低副机构研究高副机构的运动规律？

（2）① 对比四杆机构与六杆机构的异同；② 对比四杆机构与八杆机构的异同；③ 对比六杆机构与八杆机构的异同；④ 一个平面刚体有 3 个力平衡方程式，为什么说“基本杆组是静定的”？

(3) ① 什么是确定运动规律？自由度的含义是什么？② 以任意一个构件、两个构件和三个构件为主动件时，机构是否具有确定的运动规律，为什么?

姓名________　　班级________　　学号________　　实验日期______年___月___日

实验 4　高副机构共轭曲线的设计和加工基本原理

1. 实验记录

（1）标准齿轮范成加工。

① 输入的参数为：

② 两构件的运动规律：

a. 原动件

b. 从动件

③ 简要描述原动件的曲线形状，对应的从动件的共轭曲线的形成过程与形状。

④ 打印或手绘、粘贴原动件的曲线及其对应的从动件的共轭曲线（可另附纸）。

（2）变位齿轮范成加工。

① 输入的参数为：

② 两构件的运动规律：

a. 原动件

b. 从动件

③ 简要描述原动件的曲线形状，对应的从动件的共轭曲线的形成过程与形状。

④ 打印或手绘、粘贴原动件的曲线及其对应的从动件的共轭曲线（可另附纸）。

(3) 任意形状齿轮范成加工。

① 输入的参数为:

② 两构件的运动规律:

a. 原动件

b. 从动件

③ 简要描述原动件的曲线形状，对应的从动件的共轭曲线的形成过程与形状。

④ 打印或手绘、粘贴原动件的曲线及其对应的从动件的共轭曲线（可另附纸）。

(4) 任意包络线生成。

① 输入的参数为:

② 两构件的运动规律:

a. 原动件

b. 从动件

③ 简要描述原动件的曲线形状，对应的从动件的共轭曲线的形成过程与形状。

④ 打印或手绘、粘贴原动件的曲线及其对应的从动件的共轭曲线（可另附纸)。

2. 思考题

(1) 共轭曲线设计中关键的几个因素是什么？各种因素都涉及哪些方面?

（2）如何加工共轭曲线?

（3）对比标准齿轮范成加工、变位齿轮范成加工、任意形状齿轮范成加工的异同。

姓名________　班级________　学号________　实验日期______年___月___日

实验 5　渐开线齿轮范成原理

1. 齿条刀具基本参数及齿坯分度圆半径

$m=20$　$z=10$　$\alpha=20°$　$h^*a=1$　$c^*=0.25$　$r=100$ mm

2. 标准齿轮的绘制

计算参数及几何尺寸

项　目	计　算　公　式	结　果（mm）
齿　数		
基圆半径 r_b		
顶圆半径 r_a		
根圆半径 r_f		
分度圆齿厚 S		
基圆齿厚 S_b		
顶圆齿厚 S_a		

3. 正变位齿轮的描绘

计算参数几何尺寸

项　目	计　算　公　式	结　果（mm）
不根切的最小变位系数 X		
移距量 X_m		
根圆半径 r_f		
顶圆半径 r_a		
分度圆齿厚 S		
基圆齿厚 S_b		
顶圆齿厚 S_a		

说明：顶圆半径按齿全高为 2.25m 计算，暂不考虑削顶。

4. 分析讨论

(1) 标准齿轮与变位齿轮的基本参数和几何形状哪些相同，哪些不同，为什么?

(2) 根切的原因何在，如何避免?

姓名________　　班级________　　学号________　　实验日期______年___月___日

实验 6　渐开线直齿圆柱齿轮的参数测定

被测齿轮编号：

已知参数：　$h_a^* = 1$　　$C^* = 0.25$

1. 齿数 Z　　$Z=$

2. 齿顶圆直径 d_a、齿根圆直径 d_f 和全齿高 h

测量次数		1	2	3	平均值
d_a（mm）	大				
	小				
d_f（mm）	大				
	小				

全齿高 $h=(d_a-d_f)/2$　　（mm）偶数齿大

小

$h=H_1-H_2$　　（mm）奇数齿大

小

3. 公法线长度 W'_K 和 W'_{K+1}

跨测齿数 $K=$

测量次数		1	2	3	平均值
W'_K（mm）	大				
	小				
W'_{K+1}（mm）	大				
	小				

4. 基节：$P_b = W'_{K+1} - W'_K$　　大

小

模数：$m = \frac{p_b}{\pi \cos \alpha}$　　大

小

压力角：α　　大

小

5. 判定是否标准齿轮，如果不是标准齿轮，则确定其变位系数 X

W'_K　大＝　　（mm），　　W_K　大＝　　（mm）

小　　小

变位系数　$X = \frac{W'_{K+1} - W_K}{2m\sin\alpha}$

姓名________　　班级________　　学号________　　实验日期______年___月___日

实验7　机械运动学参数测定与分析

1. 实验记录与理论计算曲线比较

机构类型	运动参数	实测曲线	理论曲线	说　明
曲柄滑块机构	滑块速度			
	滑块加速度			
曲柄导杆机构	滑块速度			
	滑块加速度			

2. 思考题

（1）分析曲柄导杆机构机架长度及滑块偏置尺寸对运动参数的影响。

（2）分析曲柄滑块机构及曲柄导杆机构的滑块运动线图的异同点。

（3）实验的收获和建议。

（机械运动学参数测定与分析实验 贴图页）

姓名________ 班级________ 学号________ 实验日期______年___月___日

实验 8 转子动平衡

1. 称量及设定的数据

被检测转子质量____________________kg。

加平衡重处半径______左校正面_________cm，右校正面__________cm。

2. 实验原始记录数据

加重次序	衰减挡位	瓦特计读数	不平衡量角度值	所加平衡质量（g）
左校正面 1 2 3 4 5 6				
右校正面 1 2 3 4 5 6				

3. 实验数据处理结果

计算两校正面所加的平衡重径积及其位置，并画出平衡重量位置示意图。

姓名________ 班级________ 学号________ 实验日期______年___月___日

实验 9 平面机构惯性力平衡设计

1. 曲柄滑块机构数据测量及分析（曲柄作用在机架上的力，单位：N）

	1/12	2/12	3/12	4/12	5/12	6/12	7/12	8/12	9/12	10/12	11/12	12/12
未平衡状态												
	力变化曲线图：											
	1/12	2/12	3/12	4/12	5/12	6/12	7/12	8/12	9/12	10/12	11/12	12/12
完全平衡状态												
	力变化曲线图：											
	1/12	2/12	3/12	4/12	5/12	6/12	7/12	8/12	9/12	10/12	11/12	12/12
不完全平衡状态												
	力变化曲线图：											

<table>
<tr><td colspan="13">2. 曲柄滑块机构数据测量及分析（滑块作用在机架上的力，单位：N）</td></tr>
<tr><td rowspan="3">未平衡状态</td><td>1/12</td><td>2/12</td><td>3/12</td><td>4/12</td><td>5/12</td><td>6/12</td><td>7/12</td><td>8/12</td><td>9/12</td><td>10/12</td><td>11/12</td><td>12/12</td></tr>
<tr><td></td><td></td><td></td><td></td><td></td><td></td><td></td><td></td><td></td><td></td><td></td><td></td></tr>
<tr><td colspan="12">力变化曲线图：</td></tr>
<tr><td rowspan="3">完全平衡状态</td><td>1/12</td><td>2/12</td><td>3/12</td><td>4/12</td><td>5/12</td><td>6/12</td><td>7/12</td><td>8/12</td><td>9/12</td><td>10/12</td><td>11/12</td><td>12/12</td></tr>
<tr><td></td><td></td><td></td><td></td><td></td><td></td><td></td><td></td><td></td><td></td><td></td><td></td></tr>
<tr><td colspan="12">力变化曲线图：</td></tr>
<tr><td rowspan="3">不完全平衡状态</td><td>1/12</td><td>2/12</td><td>3/12</td><td>4/12</td><td>5/12</td><td>6/12</td><td>7/12</td><td>8/12</td><td>9/12</td><td>10/12</td><td>11/12</td><td>12/12</td></tr>
<tr><td></td><td></td><td></td><td></td><td></td><td></td><td></td><td></td><td></td><td></td><td></td><td></td></tr>
<tr><td colspan="12">力变化曲线图：</td></tr>
<tr><td colspan="13">备注：1/12 表示曲柄或滑块处于一个运动周期的 1/12 处，其他以此类推。</td></tr>
</table>

3. 简答题

实验已经记录了曲柄滑块机构在未平衡、完全平衡、部分平衡这 3 种情况下力的大小变化情况，试比较三者之间的差异，并阐述产生差异的原因。

4. 思考题

(1)平面机构在机架上的平衡需达到什么目的？是否经平衡校正后,机架上就完全消除了振动?

(2) 在机架上惯性力的完全平衡与近似平衡后机架的振动情况有何变化？

(3) 平面机构在机架上的平衡除了上述方法外，还有什么方法可供设计者参考？

姓名________　　班级________　　学号________　　实验日期______年___月___日

实验 10　可编程控制器梯形图编程方法及实际应用

1. 程序内容

2. 实验现象

实验状态	是/否	备　　注
Y0、Y5 点亮 50 s 后熄灭		
Y0、Y5 熄灭的同时 Y1、Y4 点亮		
Y1、Y4 点亮 3 s 后熄灭		
Y1、Y4 熄灭的同时 Y2、Y3 点亮		
Y2、Y3 点亮 90 s 后熄灭		
Y2、Y3 熄灭的同时 Y0、Y5 点亮		
X0 点亮时 Y0、Y3 点亮其余全熄灭		
X0 熄灭时 Y0、Y5 点亮其余全熄灭		

3. 总结 PLC 基本编程方法及思路

姓名________　　班级________　　学号________　　实验日期______年___月___日

实验 11　交流伺服系统控制

1. PLC 控制伺服电机运转的程序内容

2. 实验数据

(1) 由 iofun 软件控制电机运转 10.1 圈后自动停止修改的参数。

参数编号	设定值	参数编号	设定值	参数编号	设定值	参数编号	设定值

(2) PLC 用通讯的方式控制伺服电机运转。

伺服驱动器修改的参数

参数编号	设定值	参数编号	设定值	参数编号	设定值	参数编号	设定值

伺服电机运转 15.3 圈

	伺服电机速度	滑块移动距离	备　注
第一次			
第二次			
第三次			
第四次			
第五次			
第六次			

注:(伺服电机运转 15.3 圈＝15 圈＋3 000 个脉冲)

(3) PLC 用发脉冲的方式控制伺服电机运转。

伺服驱动器修改的参数

参数编号	设定值	参数编号	设定值	参数编号	设定值	参数编号	设定值

伺服电机运转 15.3 圈			
	PLC 所发脉冲频率	滑块移动距离	备　注
第一次			
第二次			
第三次			
第四次			
第五次			
第六次			
注：（伺服电机运转 15.3 圈＝153 000 个脉冲）			

3. 写出触摸屏在现代工业控制中的地位

4. 写出伺服电机在现代工业控制中的优缺点

姓名________　班级________　学号________　实验日期______年___月___日

实验 12　两相混合式步进电机和精密定位控制

1. 程序内容

2. 实验数据

（1）步进电机转一圈应发脉冲＝360/步距角×细分数＝______________。

（2）步进电机转一圈 PLC 应接受到的脉冲信号＝编码器分辨率×圈数＝______________。

（3）理论上滑块移动距离＝圈数×丝杆导长＝________________。

（4）实际上滑块移动距离＝|移动后指针的刻度－移动前指针的刻度|＝______________。

（5）在脉冲数目一定的情况下填表：

	PLC 所发脉冲频率	滑块移动距离	编码器所发脉冲数目
第一次			
第二次			
第三次			
第四次			
第五次			
第六次			

（6）在脉冲频率一定的情况下填表：

	PLC 所发脉冲数目	滑块移动距离	编码器所发脉冲数目
第一次			
第二次			
第三次			
第四次			
第五次			
第六次			

3. 画出 PLC 脉冲控制步进电机系统示意图

4. 写出步进电机在现代工业控制中的优缺点

姓名________　班级________　学号________　实验日期______年___月___日

实验 13　机械系统速度波动调节

1. 实验记录与理论曲线的比较

(1) 速度与负载的固有特性测试。

次数	1	2	3	4	5	6	7
转速 (r/m)							
负载 (N · m)							

(2) 逐步减小（或提高）速度环增益的速度与负载测试。

项目	次数	1	2	3	4	5	6	7
增益 1	速度（r/min)							
	负载（N · m)							
增益 2	速度（r/min)							
	负载（N · m)							
增益 3	速度（r/min)							
	负载（N · m)							

(3) 绘制实验曲线，并与理论曲线进行比较。

实验曲线	理论曲线	说明

2. 思考题

(1) 交流异步电机和伺服电动机的工作原理、机械特性曲线有什么异同?

(2) 分析伺服系统的工作原理，比较飞轮调节速度波动与电子 PID 调节的优缺点。

（机械系统速度波动调节实验　贴图页）

姓名________　　班级________　　学号________　　实验日期______年___月___日

实验 14　三自由度冗余并联机器人运动规划

1. 运动轨迹图

2. 思考题

(1) 冗余度机器人的结构特点和应用有哪些?

(2) 并联和串联机器人的结构和特点是什么?

(3) 机器人运动规划主要包括哪些内容?

姓名__________ 班级__________ 学号__________ 合作者__________

实验指导教师____________________ 时间：20 至20 学年第 学期第 周

实验 15 机械方案创意设计模拟实施实验

1. 机构运动简图（要求符号规范并标注参数）

2. 机构照片（复印件）

参考资料

1 于淑梅，万洪章编著. 机械原理实验指导书. 1978
1 卢存光著. 机械原理创意设计型实验指导书. 1992
2 卢存光著. 机械方案创意设计模拟实施实验指导书. 2000
3 罗亚林编著. 机械原理实验指导书. 2000
4 冯春著. 平面连杆机构运动分析（C 语言版）. 2001
5 罗亚林编著. 机械原理实验指导书. 2004